AF197618

Einstern

Mathematik für Grundschulkinder

4

Arbeitsheft

Erarbeitet von Roland Bauer und Jutta Maurach

In Zusammenarbeit mit der
Cornelsen Redaktion Grundschule

Inhaltsverzeichnis

Zahlen auf Millimeterpapier darstellen

Das sind 100 Millimeter-quadrate.

1 Stelle die Zahlen als Flächen ausgemalter Millimeterquadrate dar.

a)

5 600

b)

2 800

c)

6 940

d)

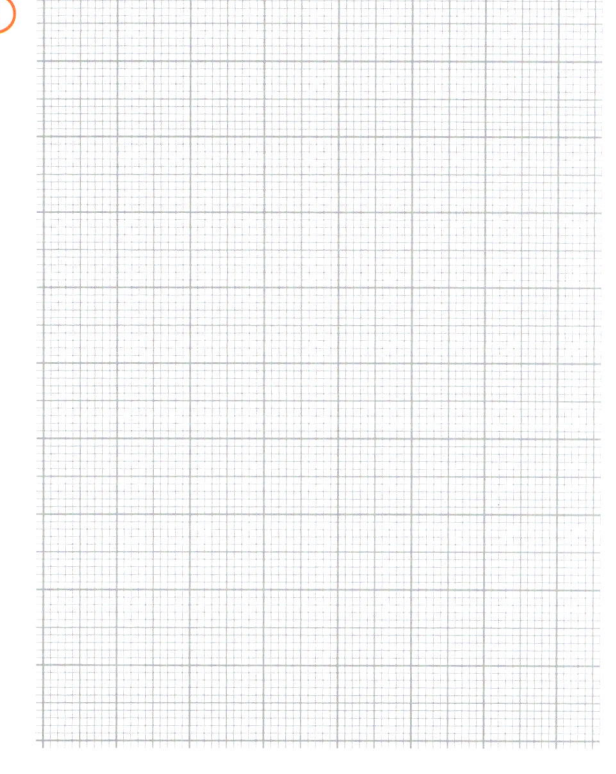

4 235

Zahlen bilden und verändern

1 Lies die dargestellten Zahlen ab und schreibe sie auf.

a)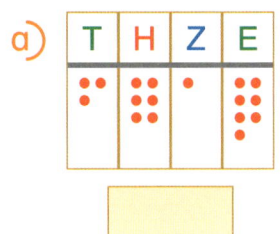

b)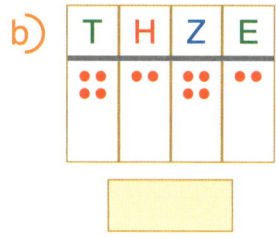

c)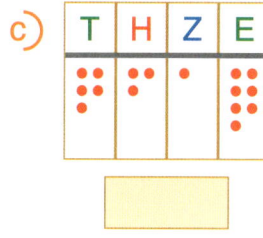

2 Stelle die Zahlen mit Punkten dar.

a) 1 625

b) 4 517

c) 7 804

T	H	Z	E

3 Lege die Zahl 3 214 mit Plättchen. Löse dann die Aufgaben.

T	H	Z	E

a) Schreibe alle Zahlen auf, die du erhalten kannst, wenn du ein Plättchen dazulegst.

b) Schreibe die Zahlen auf, die du erhalten kannst, wenn du von der Tausenderstelle zwei Plättchen entfernst und diese bei anderen Stellen hinzufügst.

Zahlen am Zahlenstrahl ablesen

1 Auf welche Zahlen zeigen die Pfeile?

a)

A = 1200	B = _____	C = _____	D = _____
E = _____	F = _____	G = _____	H = _____
I = _____	K = _____	L = _____	M = _____

b)

A = _____	B = _____	C = _____	D = _____
E = _____	F = _____	G = _____	H = _____
I = _____	K = _____	L = _____	M = _____

c)

A = _____	B = _____	C = _____	D = _____
E = _____	F = _____	G = _____	H = _____
I = _____	K = _____	L = _____	M = _____

d)

A = _____	B = _____	C = _____	D = _____
E = _____	F = _____	G = _____	H = _____
I = _____	K = _____	L = _____	M = _____

Benachbarte Zahlen bestimmen

1

a) Bestimme die Nachbarzehner (NZ).

NZ	Zahl	NZ
7410	7416	
	5821	
	2800	
	4704	

b) Bestimme die Nachbarhunderter (NH).

NH	Zahl	NH
	2410	
	1876	
	4515	
	1129	

c) Bestimme die Nachbartausender (NT).

NT	Zahl	NT
	2630	
	4498	
	5432	
	3670	

d) Bestimme die Nachbartausender (NT).

NT	Zahl	NT
	9211	
	8990	
	8499	
	3278	

2 Markiere am Zahlenstrahl, wo die Zahlen ungefähr liegen. Verbinde mit den Zahlen.

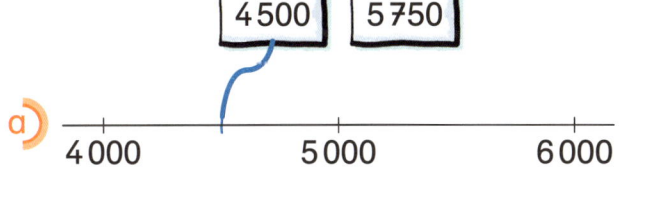

a)
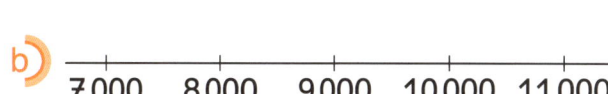

b)
4500 5750

9250 8700

c)
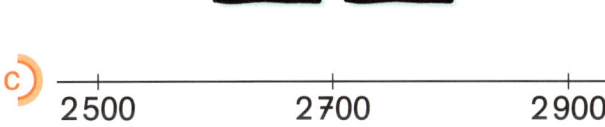
2650 2710

d)

6800 4200

3 Welche Zahlen könnten markiert sein? Trage sie ein.

a)

2000 [ ] [ ] 6000

b)

7400 [ ] [ ] 8000

c)
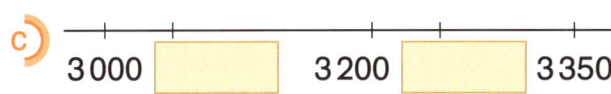
3000 [ ] 3200 [ ] 3350

d)
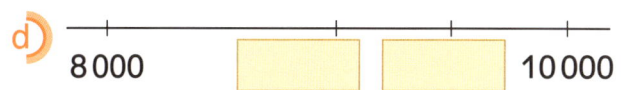
8000 [ ] [ ] 10000

Zahlreihen ergänzen

1 Setze die Zahlreihen fort.

a) 3100 , 3200 , 3300 , _____ , _____ , _____ , _____ , _____
_____ , _____ , _____ , _____ , _____ , _____ , _____ , 4600

b) 8900 , 8800 , 8700 , _____ , _____ , _____ , _____
_____ , _____ , _____ , _____ , _____ , _____ , _____ , 7400

c) 1500 , 2000 , 2500 , _____ , _____ , _____ , _____
_____ , _____ , _____ , _____ , _____ , _____ , _____ , 9000

d) 3000 , 2800 , 2600 , _____ , _____ , _____ , _____
_____ , _____ , _____ , _____ , _____ , _____ , _____ , 0

e) 2700 , 2900 , 3100 , _____ , _____ , _____ , _____
_____ , _____ , _____ , _____ , _____ , _____ , _____ , 5700

f) 5200 , 4900 , 4600 , _____ , _____ , _____ , _____
_____ , _____ , _____ , _____ , _____ , _____ , _____ , 700

g) 4950 , 4960 , 4970 , _____ , _____ , _____ , _____
_____ , _____ , _____ , _____ , _____ , _____ , _____ , 5100

h) 9040 , 9020 , 9000 , _____ , _____ , _____ , _____
_____ , _____ , _____ , _____ , _____ , _____ , _____ , 8740

i) 3456 , 3460 , 3464 , _____ , _____ , _____ , _____
_____ , _____ , _____ , _____ , _____ , _____ , _____ , 3516

k) 8750 , 8745 , 8740 , _____ , _____ , _____ , _____
_____ , _____ , _____ , _____ , _____ , _____ , _____ , 8675

Zahlenstrahlen beschriften – Zahlen ablesen

1 Beschrifte jeweils zuerst den Zahlenstrahl.
Schreibe dazu die richtigen Zahlen in die gelben Kästchen.
Lies dann ab, auf welche Zahlen die Pfeile zeigen.

a)

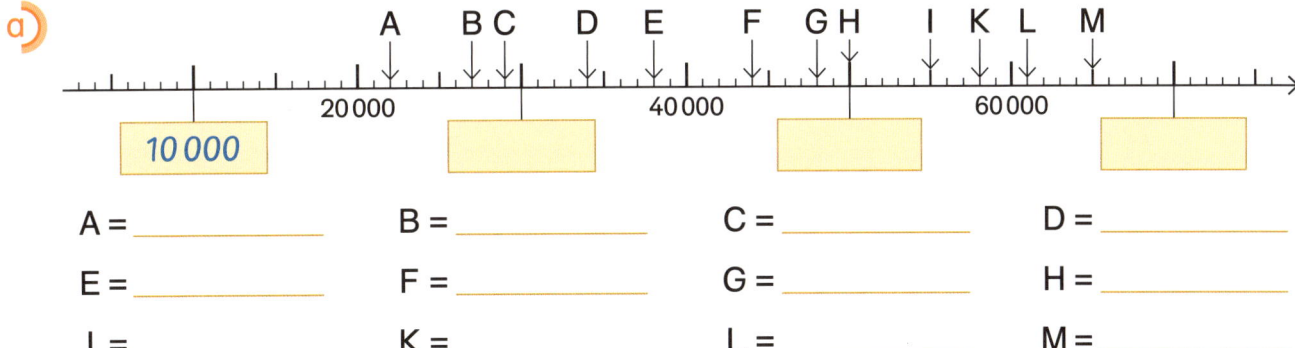

A = _____   B = _____   C = _____   D = _____

E = _____   F = _____   G = _____   H = _____

I = _____   K = _____   L = _____   M = _____

b)

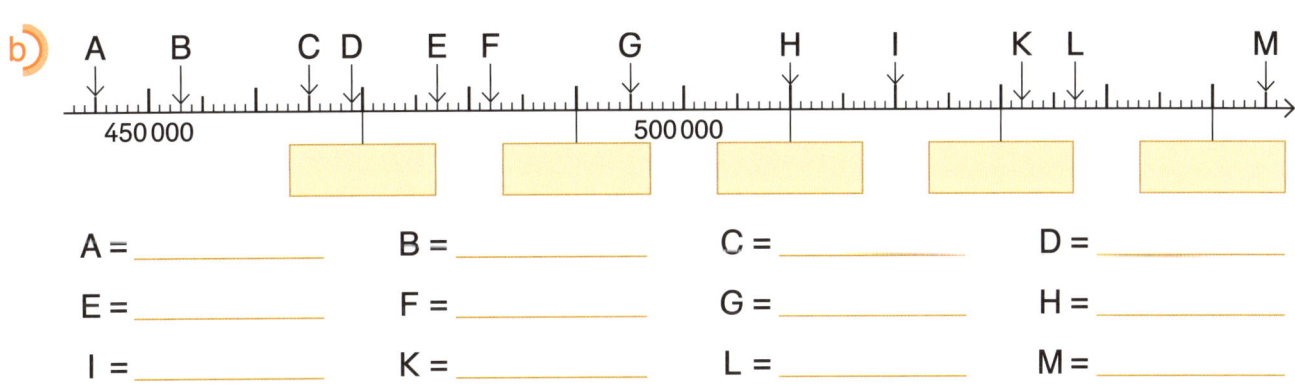

A = _____   B = _____   C = _____   D = _____

E = _____   F = _____   G = _____   H = _____

I = _____   K = _____   L = _____   M = _____

c)

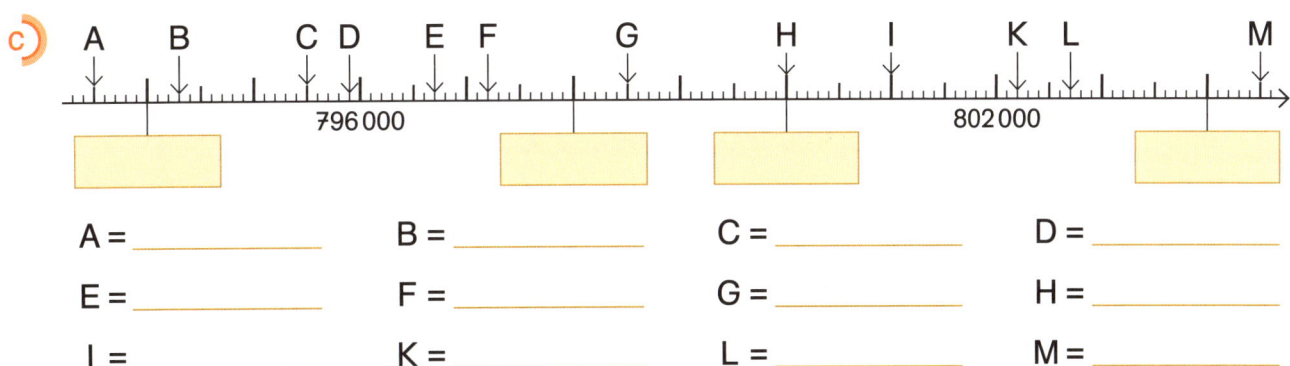

A = _____   B = _____   C = _____   D = _____

E = _____   F = _____   G = _____   H = _____

I = _____   K = _____   L = _____   M = _____

Zahlenstrahlen beschriften – Zahlen ergänzen

1 Beschrifte jeweils die Ausschnitte aus dem Zahlenstrahl.
Trage dann die Zahlen mit einem Pfeil ein.

a) 3010, 2920, 2330, 2240, 2820, 2470, 2730, 2630

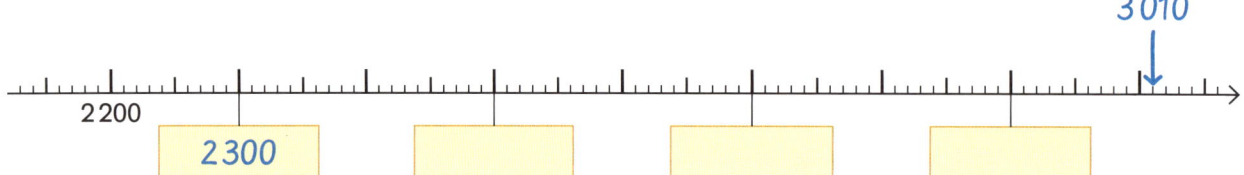

3010

2200

2300

b) 37300, 40500, 35200, 34100, 36200, 39300, 38300

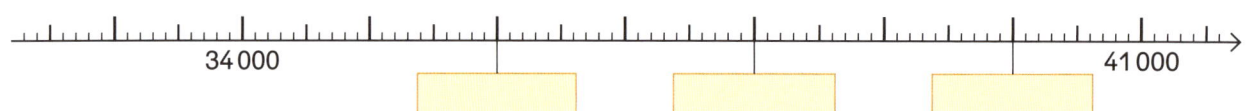

34000   41000

c) 472000, 550000, 496000, 511000, 523000, 538000

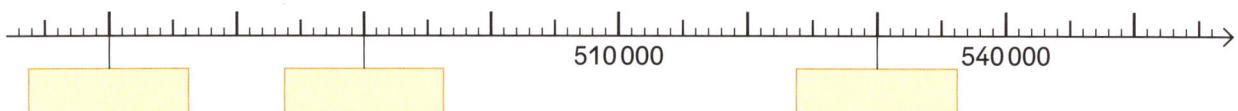

510000   540000

d) 970000, 977900, 976500, 971300, 975300, 972700

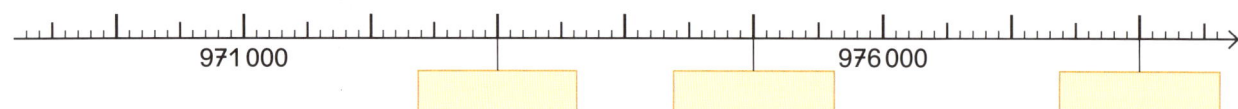

971000   976000

e) 900270, 899570, 899450, 900150, 899990, 899770

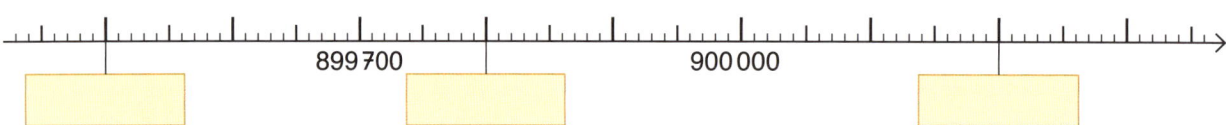

899700   900000

Nachbarzahlen bestimmen

1 Bestimme die fehlenden Kilometerangaben.

Tausender vorher	1 km vorher		1 km nachher	nächster Tausender
7 000 km	7 637 km	07638		
		39887		
		15430		
		56322		
		20000		

2 Trage passende Zahlen ein.

a)

Nachbarhunderter	Zahl	Nachbarhunderter
16 300	16 317	
	226 830	
149 800		
		376 500

b)

Nachbartausender	Zahl	Nachbartausender
	42 754	
	875 430	
		321 000
188 000		

c)

Nachbarzehntausender	Zahl	Nachbarzehntausender
	953 120	
	604 843	
260 000		
		570 000

1 Trage die Pfeile oder passende Zahlen ein.

a)

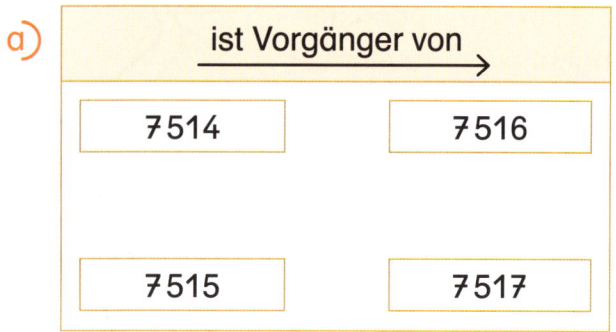

ist Vorgänger von

7514	7516
7515	7517

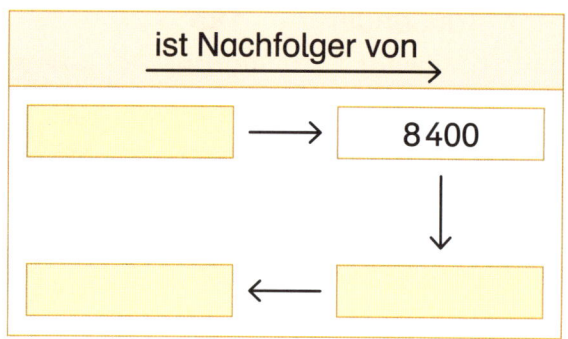

ist Nachfolger von

	→	8400
	←	

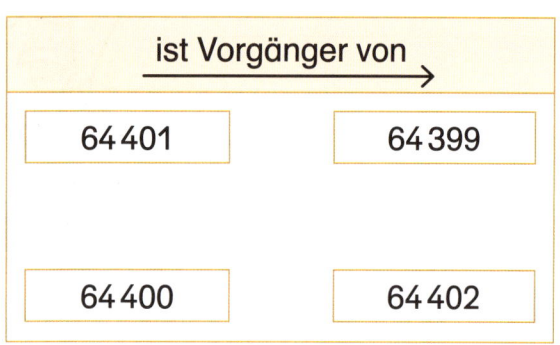

ist Vorgänger von

64401	64399
64400	64402

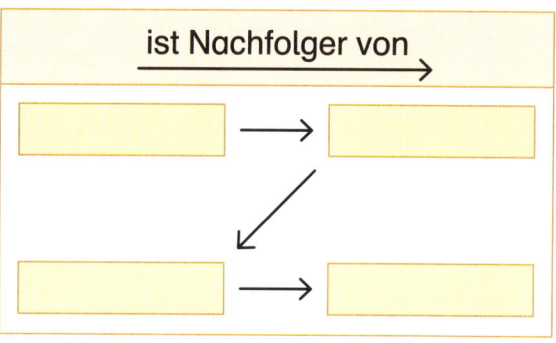

ist Nachfolger von

ist Nachfolger von

562908	562907
562911	562909
562910	

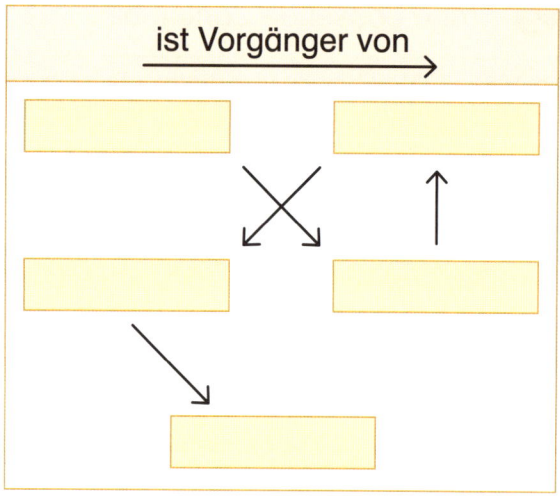

ist Vorgänger von

b)

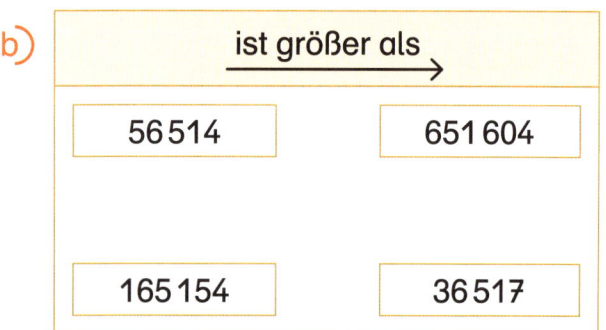

ist größer als

56514	651604
165154	36517

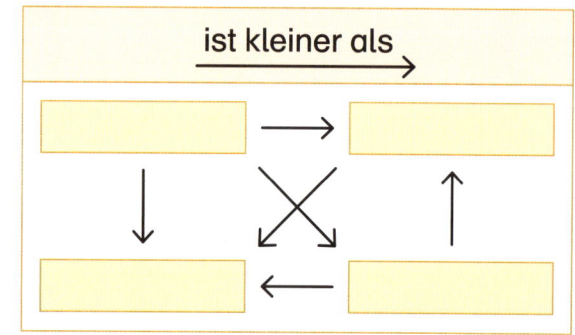

ist kleiner als

Zahlen bilden

1 Ergänze die fehlenden Schreibweisen. Finde eigene Beispiele.

M	HT	ZT	T	H	Z	E
	4	5	2	3	1	7
1	5	9	6	3	5	8

452317 _____   _4HT 5ZT 2T 3H 1Z 7E_

_____

_____   2M 8HT 7ZT 4T 3E

_____

_____

_____

2 Stelle mit den Zahlenkärtchen acht verschiedene sechsstellige Zahlen zusammen.

| 6 | | 8 | | 1 0 | | 9 0 | | 7 0 0 | | 8 0 0 | | 1 0 0 0 | | 2 0 0 0 |

| 4 0 0 0 0 | | 6 0 0 0 0 | | 3 0 0 0 0 0 | | 5 0 0 0 0 0 |

3 Beschrifte die Karten so, dass du die Zahl 529316 zusammenstellen kannst.

4 Beschrifte die Karten zum Zusammenstellen von Zahlen, bei denen alle Ziffern unterschiedlich sein sollen.

a) die kleinste sechsstellige Zahl

b) die größte sechsstellige Zahl

Tausenderzahlen im Kopf addieren

1 Trage die Ergebniszahlen ein.

a) 400 000 + 300 000 = ⬚

500 000 + 200 000 = ⬚

600 000 + 400 000 = ⬚

200 000 + 700 000 = ⬚

b) 250 000 + 720 000 = ⬚

310 000 + 470 000 = ⬚

280 000 + 650 000 = ⬚

780 000 + 310 000 = ⬚

c) 421 000 + 334 000 = ⬚

316 000 + 432 000 = ⬚

552 000 + 336 000 = ⬚

748 000 + 231 000 = ⬚

d) 576 300 + 212 000 = ⬚

726 500 + 241 000 = ⬚

436 100 + 312 000 = ⬚

254 500 + 323 000 = ⬚

2 Ergänze die Zahlenhäuser. Löse die Aufgaben und setze dann das Aufgabenmuster fort. Versuche die Fortsetzung zu finden, ohne zu rechnen.

a) **1 000 000**

240 000	
	755 000
250 000	

b) **850 000**

	530 000
400 000	
	370 000

c) Schreibe auf, wie du bei den Aufgaben a) und b) die Fortsetzung ohne Rechnen finden konntest.

Damit die Summe gleich bleibt _____

_____

_____

3 Trage >, < oder = passend ein.

a) 350 000 + 270 000 ◯ 430 000 + 200 000

510 000 + 240 000 ◯ 390 000 + 360 000

840 000 + 150 000 ◯ 340 000 + 550 000

b) 234 000 + 512 000 ◯ 324 000 + 442 000

423 000 + 516 000 ◯ 245 000 + 724 000

275 000 + 625 000 ◯ 462 000 + 538 000

Tausenderzahlen im Kopf subtrahieren

1 Trage die Ergebniszahlen ein.

a) 900 000 − 400 000 = ▢

700 000 − 500 000 = ▢

800 000 − 300 000 = ▢

500 000 − 400 000 = ▢

b) 870 000 − 250 000 = ▢

980 000 − 360 000 = ▢

720 000 − 410 000 = ▢

310 000 − 250 000 = ▢

c) 825 000 − 712 000 = ▢

675 000 − 413 000 = ▢

798 000 − 545 000 = ▢

467 000 − 246 000 = ▢

d) 678 500 − 352 000 = ▢

786 800 − 452 000 = ▢

964 700 − 521 000 = ▢

893 600 − 671 000 = ▢

2 Ergänze die Tabellen. Löse die Aufgaben und setze dann das
Aufgabenmuster fort. Versuche die Fortsetzung zu finden, ohne zu rechnen.

a) **− 150 000**

	500 000
600 000	
	400 000

b) **− 125 000**

530 000	
	410 000
540 000	

c) Schreibe auf, wie du bei den Aufgaben a) und b)
die Fortsetzung ohne Rechnen finden konntest.

Die Zahl, die subtrahiert wird, bleibt _____

_____

_____

3 Trage >, < oder = passend ein.

a) 850 000 − 510 000 ◯ 570 000 − 240 000

870 000 − 360 000 ◯ 960 000 − 450 000

540 000 − 230 000 ◯ 850 000 − 220 000

b) 784 000 − 531 000 ◯ 975 000 − 711 000

856 000 − 245 000 ◯ 972 000 − 361 000

648 000 − 426 000 ◯ 827 000 − 615 000

Mit Analogieaufgaben rechnen

1 Trage die Ergebnisse ein.

a)
30 + 40 = ☐

3000 + 4000 = ☐

30000 + 40000 = ☐

300000 + 400000 = ☐

b)
35 + 8 = ☐

3500 + 800 = ☐

35000 + 8000 = ☐

350000 + 80000 = ☐

2 Finde zu jeder Aufgabe zwei Analogieaufgaben.

a)
70 + 30 = 100

70000 + 30000 = 100000

700000 + 300000 = ☐

b)
30 + 60 = ☐

☐ + ☐ = ☐

☐ + ☐ = ☐

c)
55 + 42 = ☐

☐ + ☐ = ☐

☐ + ☐ = ☐

d)
57 + 22 = ☐

☐ + ☐ = ☐

☐ + ☐ = ☐

3 Trage die Ergebnisse ein.

a)
90 − 50 = ☐

9000 − 5000 = ☐

90000 − 50000 = ☐

900000 − 500000 = ☐

b)
689 − 364 = ☐

6890 − 3640 = ☐

68900 − 36400 = ☐

689000 − 364000 = ☐

4 Finde zu jeder Aufgabe zwei Analogieaufgaben.

a)
60 − 40 = 20

60000 − 40000 = ☐

☐ − ☐ = ☐

b)
90 − 20 = ☐

☐ − ☐ = ☐

☐ − ☐ = ☐

c)
96 − 54 = ☐

☐ − ☐ = ☐

☐ − ☐ = ☐

d)
128 − 45 = ☐

☐ − ☐ = ☐

☐ − ☐ = ☐

Stellengerecht addieren und subtrahieren

1 Addiere und fülle die Tabellen aus.

a)

+	1	10	100
345 232	345 233		
546 849			
447 958			
690 312			
829 465			

b)

+	1 000	10 000	100 000
345 232			
546 849			
447 958			
690 312			
829 465			

2 Subtrahiere und fülle die Tabellen aus.

a)

–	1	10	100
249 620			
904 348			
720 519			
852 604			
154 029			

b)

–	1 000	10 000	100 000
249 620			
904 348			
720 519			
852 604			
154 029			

3 Betrachte, wie sich die Ergebnisse in den Aufgaben **1** und **2** jeweils ändern.
Überlege, warum das so ist.

Bis 1 000 000 im Kopf addieren

1 Löse die Aufgaben im Kopf. Setze die Aufgabenreihen fort.

a)

210 000	+	80 000	=	
210 000	+	70 000	=	
210 000	+	60 000	=	
	+		=	
	+		=	

b)

160 000	+	200 000	=	
260 000	+	200 000	=	
360 000	+	200 000	=	
	+		=	
	+		=	

c) Schreibe auf, wie du bei den Aufgaben a) und b) die Fortsetzung ohne Rechnen finden konntest.

a) Die Summe _____

_____

_____

2 Fülle die Tabelle aus.

+	3 000	50 000	21 000	400 000
64 000	*67 000*			
53 600				
130 000				
245 000				
333 800				

3 Ergänze die Rechenketten.

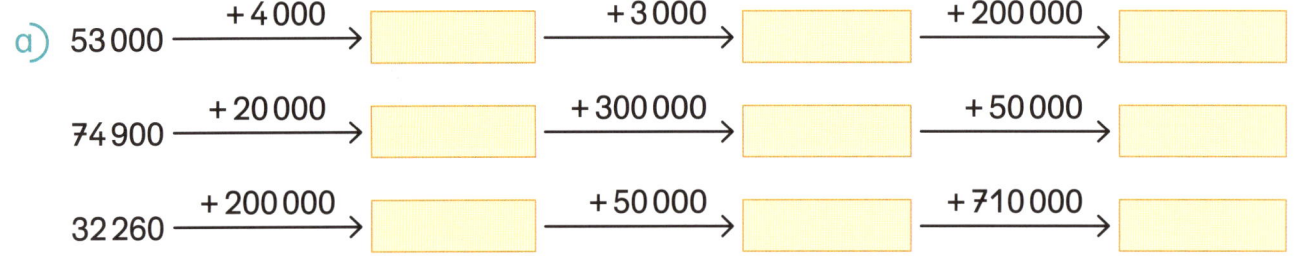

a)

53 000 —+4 000→ ☐ —+3 000→ ☐ —+200 000→ ☐

74 900 —+20 000→ ☐ —+300 000→ ☐ —+50 000→ ☐

32 260 —+200 000→ ☐ —+50 000→ ☐ —+710 000→ ☐

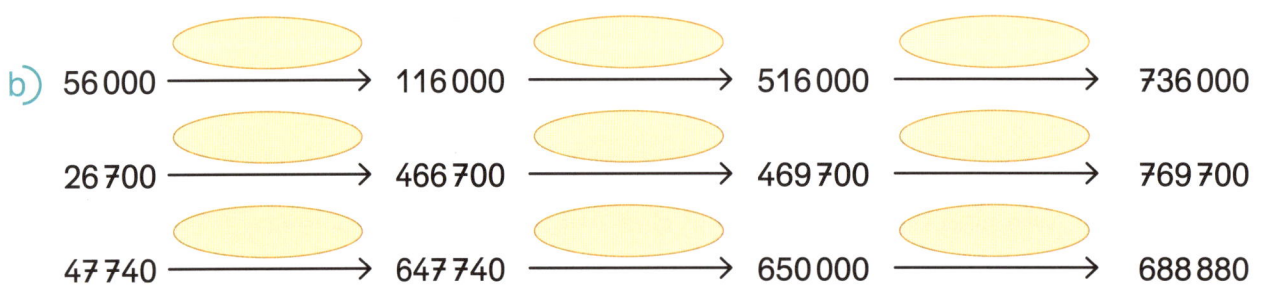

b)

56 000 —◯→ 116 000 —◯→ 516 000 —◯→ 736 000

26 700 —◯→ 466 700 —◯→ 469 700 —◯→ 769 700

47 740 —◯→ 647 740 —◯→ 650 000 —◯→ 688 880

Bis 1 000 000 im Kopf subtrahieren

1 Löse die Aufgaben im Kopf. Setze die Aufgabenreihen fort.

a)

830 000 – 70 000 = [ ]

840 000 – 70 000 = [ ]

850 000 – 70 000 = [ ]

[ ] – [ ] = [ ]

[ ] – [ ] = [ ]

b)

750 000 – 300 000 = [ ]

750 000 – 350 000 = [ ]

750 000 – 400 000 = [ ]

[ ] – [ ] = [ ]

[ ] – [ ] = [ ]

c) Schreibe auf, wie du bei den Aufgaben a) und b) die Fortsetzung ohne Rechnen finden konntest.

a) Die Differenz _____

_____

_____

_____

_____

_____

2 Fülle die Tabelle aus.

–	3 000	20 000	43 000	200 000
284 000	*281 000*			
555 800				
826 630				
730 000				
900 000				

3 Ergänze die Rechenketten.

a)

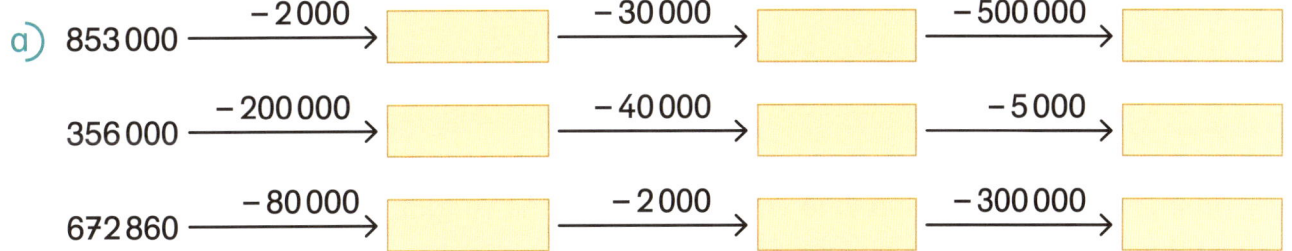

$853\,000 \xrightarrow{-2\,000} [\quad] \xrightarrow{-30\,000} [\quad] \xrightarrow{-500\,000} [\quad]$

$356\,000 \xrightarrow{-200\,000} [\quad] \xrightarrow{-40\,000} [\quad] \xrightarrow{-5\,000} [\quad]$

$672\,860 \xrightarrow{-80\,000} [\quad] \xrightarrow{-2\,000} [\quad] \xrightarrow{-300\,000} [\quad]$

b)

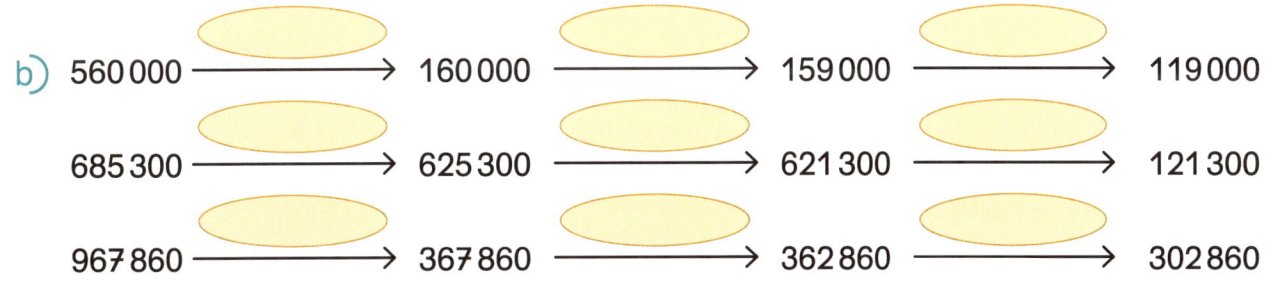

$560\,000 \xrightarrow{} 160\,000 \xrightarrow{} 159\,000 \xrightarrow{} 119\,000$

$685\,300 \xrightarrow{} 625\,300 \xrightarrow{} 621\,300 \xrightarrow{} 121\,300$

$967\,860 \xrightarrow{} 367\,860 \xrightarrow{} 362\,860 \xrightarrow{} 302\,860$

Beim Addieren Rechnungen geschickt verändern

1 Setze beide Reihen fort und ergänze die Aussagen.

a)

80 000	+	10 000	=	
70 000	+	20 000	=	
60 000	+	30 000	=	
	+		=	
	+		=	
	+		=	
	+		=	

b)

210 000	+	90 000	=	
220 000	+	80 000	=	
230 000	+	70 000	=	
	+		=	
	+		=	
	+		=	
	+		=	

c) Bei der Addition bleibt die Summe gleich, …

… wenn ich die eine Zahl verkleinere und die andere Zahl

um den gleichen Zahlenwert _____.

… wenn ich die eine Zahl vergrößere und die andere Zahl

um den gleichen Zahlenwert _____.

2 Finde zuerst eine veränderte Aufgabe, die das Rechnen erleichtert.

a)

897	+	265	=	
900	+	*262*	=	

b)

764	+	896	=	
	+		=	

c)

526	+	499	=	
	+		=	

d)

7 850	+	1 999	=	
	+		=	

e)

3 980	+	1 763	=	
	+		=	

f)

4 150	+	3 985	=	
	+		=	

3 Immer eine Aufgabe und eine veränderte einfache Aufgabe gehören zusammen.
Male sie jeweils in der gleichen Farbe aus und bestimme die Ergebnisse.

965 + 407 = [ ]   5 430 + 297 = [ ]   517 000 + 299 000 = [ ]

4 721 + 1 000 = [ ]   516 000 + 300 000 = [ ]   972 + 400 = [ ]

5 427 + 300 = [ ]   4 723 + 998 = [ ]

Beim Subtrahieren Rechnungen geschickt verändern

1 Setze beide Reihen fort und ergänze die Aussagen.

a)

30 000	−	10 000	=
40 000	−	20 000	=
50 000	−	30 000	=
	−		=
	−		=
	−		=
	−		=

b)

590 000	−	70 000	=
580 000	−	60 000	=
570 000	−	50 000	=
	−		=
	−		=
	−		=
	−		=

c) Bei der Subtraktion bleibt die Differenz gleich, …

… wenn ich die erste Zahl vergrößere und die zweite Zahl

um den gleichen Zahlenwert _____ .

… wenn ich die erste Zahl verkleinere und die zweite Zahl

um den gleichen Zahlenwert _____ .

2 Finde zuerst eine veränderte Aufgabe, die das Rechnen erleichtert.

a) 667 − 398 = ☐
  669 − *400* = ☐

b) 704 − 365 = ☐
  ☐ − ☐ = ☐

c) 998 − 448 = ☐
  ☐ − ☐ = ☐

d) 4 765 − 1 999 = ☐
  ☐ − ☐ = ☐

e) 8 100 − 7 650 = ☐
  ☐ − ☐ = ☐

f) 8 750 − 4 697 = ☐
  ☐ − ☐ = ☐

3 Immer eine Aufgabe und eine veränderte einfache Aufgabe gehören zusammen.
Male sie jeweils in der gleichen Farbe aus und bestimme die Ergebnisse.

70 508 − 39 998 = ☐   807 − 700 = ☐   16 799 − 524 = ☐

527 − 400 = ☐   70 510 − 40 000 = ☐   522 − 395 = ☐

805 − 698 = ☐   16 800 − 525 = ☐

Beim Addieren und Subtrahieren geschickt zusammenfassen

1 Male jeweils die Felder mit den Zahlen aus, die du geschickt zusammenfassen kannst. Löse dann die Aufgabe.

a)
580 + 540 + 420 = 1540
790 + 210 + 570 =
260 + 620 + 780 =
520 + 790 + 480 =
390 + 250 + 350 =

b)
1800 + 4700 + 3200 =
4700 + 9800 + 5300 =
6400 + 3600 + 4200 =
3300 + 5200 + 5700 =
8500 + 5600 + 6400 =

c)
30200 + 1800 + 2500 + 2500 =
70300 + 3100 + 1900 + 4700 =
60340 + 230 + 660 + 270 =
50600 + 400 + 290 + 710 =
30220 + 250 + 780 + 250 =

*37000.
So einfach!*

d)
570 − 260 − 70 =
780 − 340 − 280 =
750 − 280 − 220 =
960 − 270 − 130 =
810 − 205 − 205 =

e)
9700 − 1800 − 3700 =
8500 − 2400 − 3600 =
7900 − 4700 − 2300 =
7000 − 2400 − 1600 =
6900 − 2900 − 1200 =

f)
89500 − 600 − 400 − 290 − 210 =
76400 − 220 − 140 − 780 − 260 =
26700 − 350 − 120 − 880 − 350 =
82000 − 250 − 250 − 700 − 300 =
32300 − 150 − 130 − 850 − 170 =

2 Finde selbst eine Plus- und eine Minusaufgabe,
bei der du Zahlen geschickt zusammenfassen kannst.

Additionsaufgaben in Schritten lösen

1 Notiere deine Rechenschritte am Rechenstrich und untereinander
und bestimme die Ergebnisse.

a) 62 500 + 3 700 = ⬚

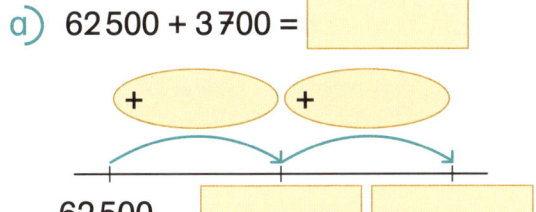

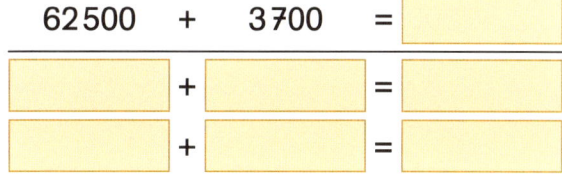

b) 36 750 + 2 500 = ⬚

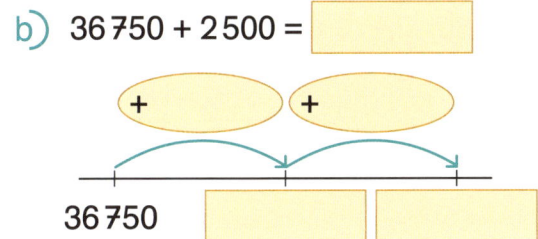

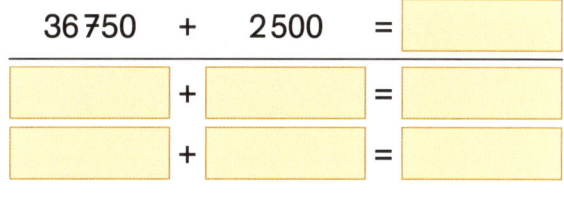

c) 83 460 + 24 300 = ⬚

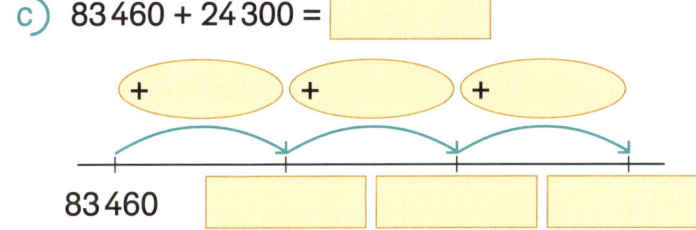

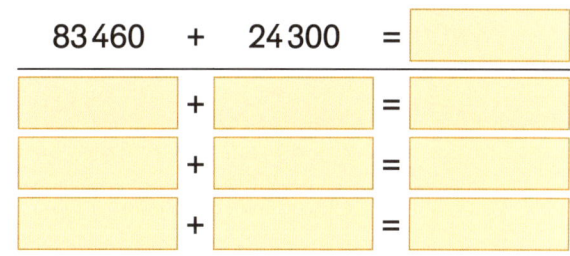

d) 256 300 + 442 000 = ⬚

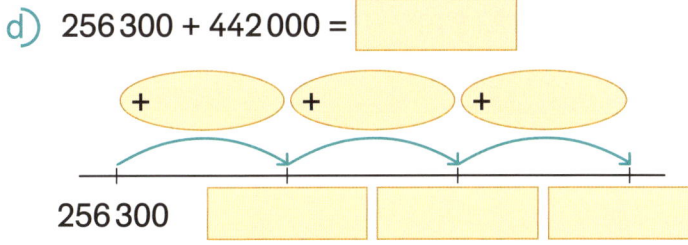

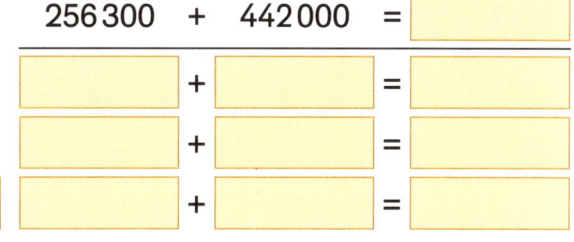

e) 376 485 + 56 800 = ⬚

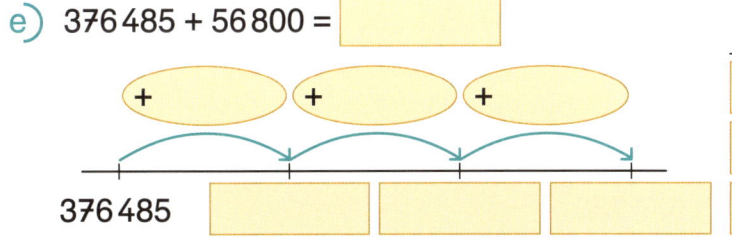

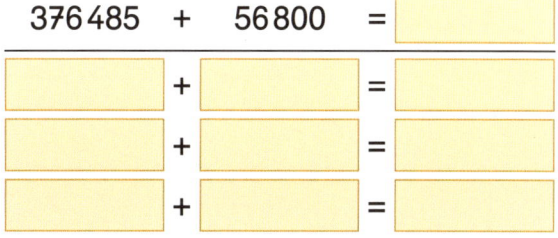

Subtraktionsaufgaben in Schritten lösen

1 Notiere deine Rechenschritte am Rechenstrich und untereinander und bestimme die Ergebnisse.

a) 76 300 – 8 500 =

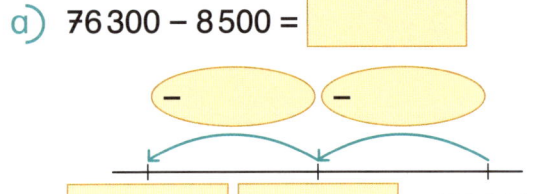

76 300

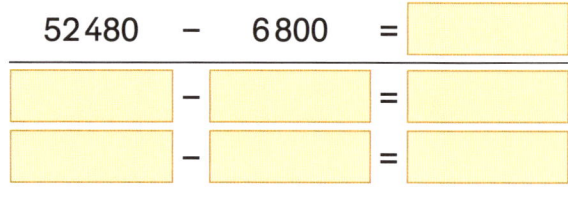

b) 52 480 – 6 800 =

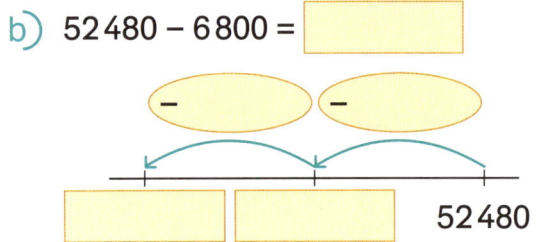

52 480

c) 84 400 – 52 600 =

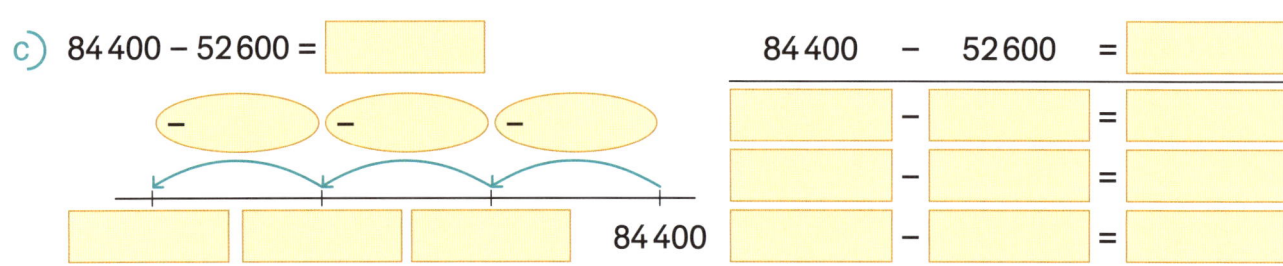

84 400

d) 173 500 – 52 800 =

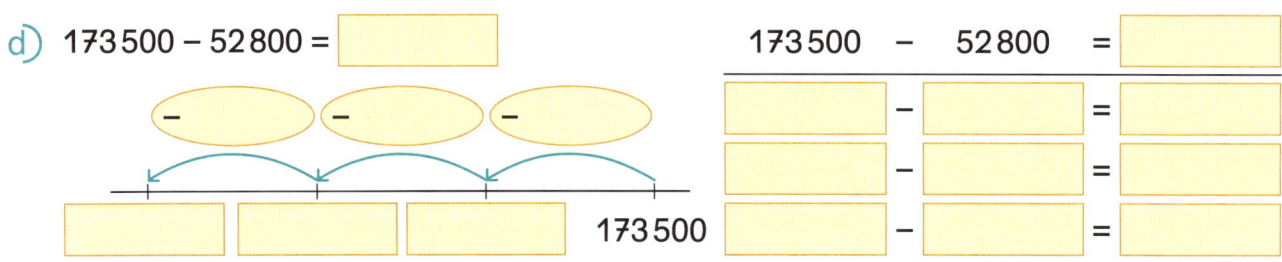

173 500

e) 637 200 – 203 500 =

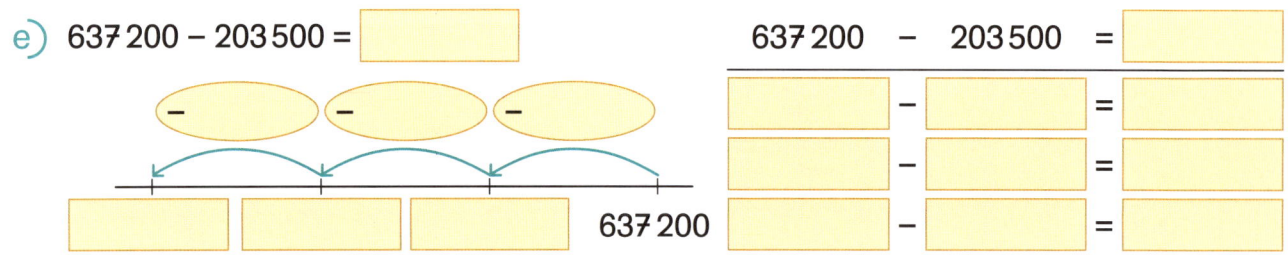

637 200

Schriftliches Addieren üben

1 Löse die Aufgaben. Wenn du richtig gerechnet hast, findest du die Kontrollzahl zu jeder Ergebniszahl in einem Stern.

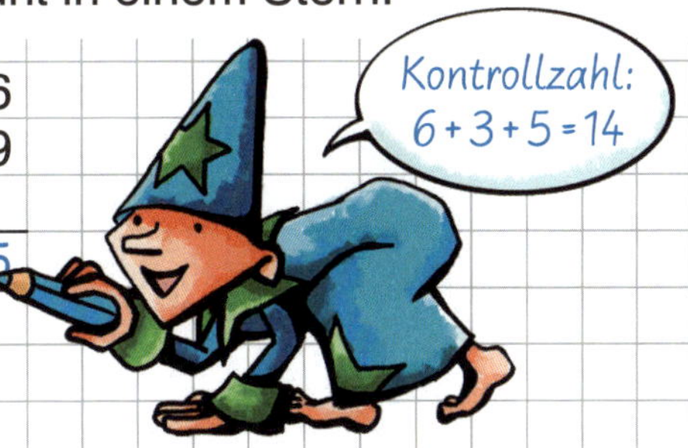

a)
```
    2 7 6
  + 3 5 9
    1 1
    6 3 5
```
Kontrollzahl: 6+3+5=14

```
    6 7 9
  + 4 6 5
```

```
    2 8 6
  + 6 5 2
```

★ 20

★ 14   ★ 10

b)
```
    3 8 2 6
  + 4 7 5 2
```
★ 12

```
    5 6 2 9
  + 3 4 5 8
```
★ 28

```
    8 3 1 2
  + 1 7 4 8
```
★ 24

```
    6 9 3 7
  + 3 8 8 4
```

★ 7   ★ 19   ★ 13

c)
```
    2 6 9 7 8
  + 3 5 6 4 5
```

```
    7 4 8 6 3
  + 2 9 6 2 7
```

```
    8 5 3 1 2
  + 1 6 8 9 6
```

```
    4 8 3 2 4
  + 5 9 8 5 8
```

★ 20

★ 20   ★ 18   ★ 23

d)
```
    8 2 5 1 7
      3 4 2 0
  +     5 1 6
```

```
    5 2 3 1 7
          5 5
  +   4 0 9 9
```
★ 26

```
    4 1 4 9 3
      2 3 7 6
  +   5 8 3 1
```

```
    7 5 1 2 2
      4 7 5 9
  +   3 2 4 1
```

★ 16

★ 41   ★ 30   ★ 23

e)
```
    2 1 7 8 3 5
  + 6 2 4 7 1 2
```

```
    3 1 9 4 2 3
  + 4 8 6 7 1 2
```

```
    5 7 1 3 8 5
  + 3 8 7 5 6 1
```

```
    7 8 2 3 1 7
  + 2 2 4 1 5 6
```

★ 27

★ 28   ★ 21   ★ 42   ★ 21

f)
```
    1 8 2 6 1 5
    2 1 3 4 6 2
  + 3 2 6 2 5 7
```

```
    2 1 3 4 5 6
    3 4 5 6 7 8
  + 1 5 6 7 8 9
```

```
    3 7 9 2 4 6
    1 3 5 3 5 7
  + 2 4 6 0 1 5
```

```
    3 7 7 3 5 6
    1 2 2 4 8 9
  + 4 6 6 7 4 3
```

Schriftliches Subtrahieren üben

1 Löse die Aufgaben. Wenn du richtig gerechnet hast, findest du die Kontrollzahl zu jeder Ergebniszahl in einem Stern.

a)

```
    8 2 5          ⑪         5 1 7      ★        9 8 2               7 2 5
  - 6 7 9                  - 3 6 4      9      - 7 4 6             - 6 8 2
  ¹ ¹                                                    ★
    1 4 6                                                11
```

★ 7

b)

```
    4 3 2 1                 7 5 2 4      ★       5 7 1 2             7 8 3 9
  - 2 7 6 3               - 5 4 7 9     19     - 3 8 3 7           - 4 6 8 2
 ★                                                        ★
 16                  ★                                    21
                     11
```

★ 19   ★ 10

c)

```
    2 8 0 7 1               3 4 8 5 0            5 1 3 1 4           6 8 3 0 1
  - 1 2 6 8 7             - 1 6 7 9 2          - 2 7 5 8 9         - 3 6 8 9 9
              ★                                            ★
              22                                           21
 ★                                  ★
 27                                 25
```

d)

```
    7 2 6 0 5               8 4 7 4 3            9 0 0 0 0           6 0 4 0 0
  -       3 9      ★      -     3 0 0 7       - 3 7 0 0 8         -         3 7
                  18                                                    ★
 ★                     ★                    ★                         27
 30                    32                   26
```

e)

```
  1 0 0 0 0 0 0           1 0 0 0 0 0 0        5 8 5 6 2 3         8 4 3 4 5 1
  -       2 4 3 5         -           2 7    - 2 1 7 8 9 1       - 7 8 9 6 7 6

       ★      ★                         ★              ★                 ★
       46     29                        28             41                26
```

f)

```
  1 0 0 0 0 0 0           1 0 0 0 0 0 0        9 1 7 6 9 3         7 0 8 3 3 5
  -     9 9 8 0 2 1       -   7 1 5 3 4 6    - 8 2 9 7 6 0       - 2 9 9 4 8 7
```

Kommazahlen addieren und subtrahieren

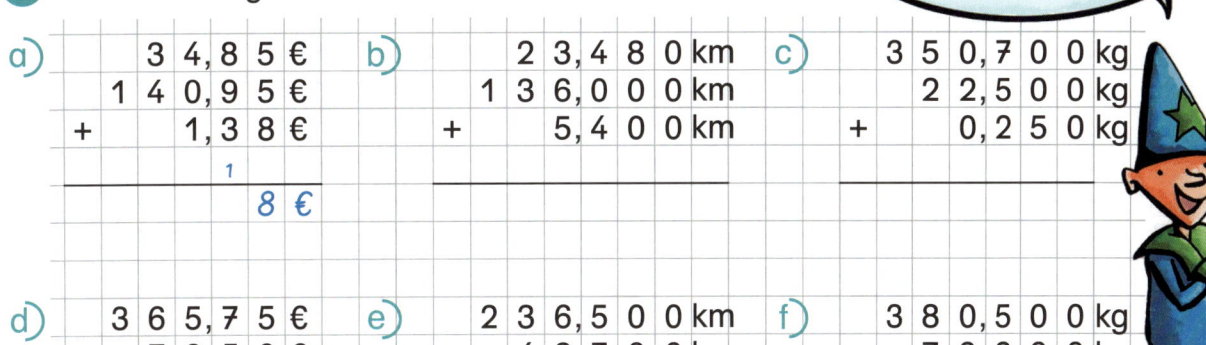

Ich weiß, warum bei km und kg drei Stellen hinter dem Komma sind.

1 Löse die Aufgaben.

a)
```
      3 4,8 5 €
    1 4 0,9 5 €
  +     1,3 8 €
          1
          8 €
```

b)
```
      2 3,4 8 0 km
    1 3 6,0 0 0 km
  +     5,4 0 0 km
```

c)
```
    3 5 0,7 0 0 kg
        2 2,5 0 0 kg
  +       0,2 5 0 kg
```

d)
```
    3 6 5,7 5 €
  −     7 8,5 0 €
```

e)
```
    2 3 6,5 0 0 km
  −     4 8,7 0 0 km
```

f)
```
    3 8 0,5 0 0 kg
  −     7 9,2 0 0 kg
```

2 Rechne schriftlich. Überprüfe dein Ergebnis immer mit der Überschlagsrechnung.

a) 23,95 € + 69 ct + 12 € =

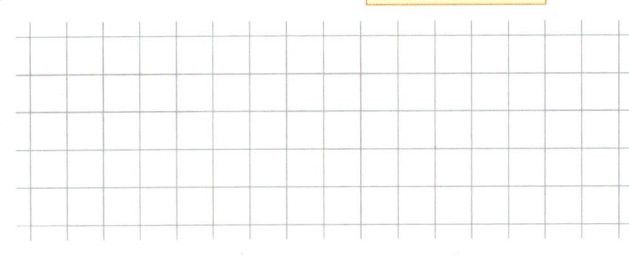

Ü: _____

b) 56,25 € − 69 ct =

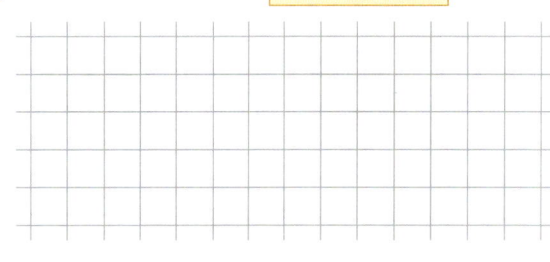

Ü: _____

c) 750 g + 34 kg + 50 g =

Ü: _____

d) 34 kg − 2 kg 8 g =

Ü: _____

e) 2,678 km + 8 305 m + 350 km =

Ü: _____

f) 65,040 km − 800 m =

Ü: _____

Füllmengen und Maßeinheiten passend zuordnen

1 Ergänze passend ml (Milliliter) oder l (Liter).

Trinkglas: *200 ml*   Jogurt: 125 ____   Nasentropfen: 20 ____

Badewanne: 130 ____   Sahne: 200 ____   Milchflasche: 1 ____

Mülltonne: 200 ____   Gießkanne: 5 ____   Tasse: 100 ____

2 Verbinde passend. Für manche Gefäße gibt es mehrere Möglichkeiten.

a)

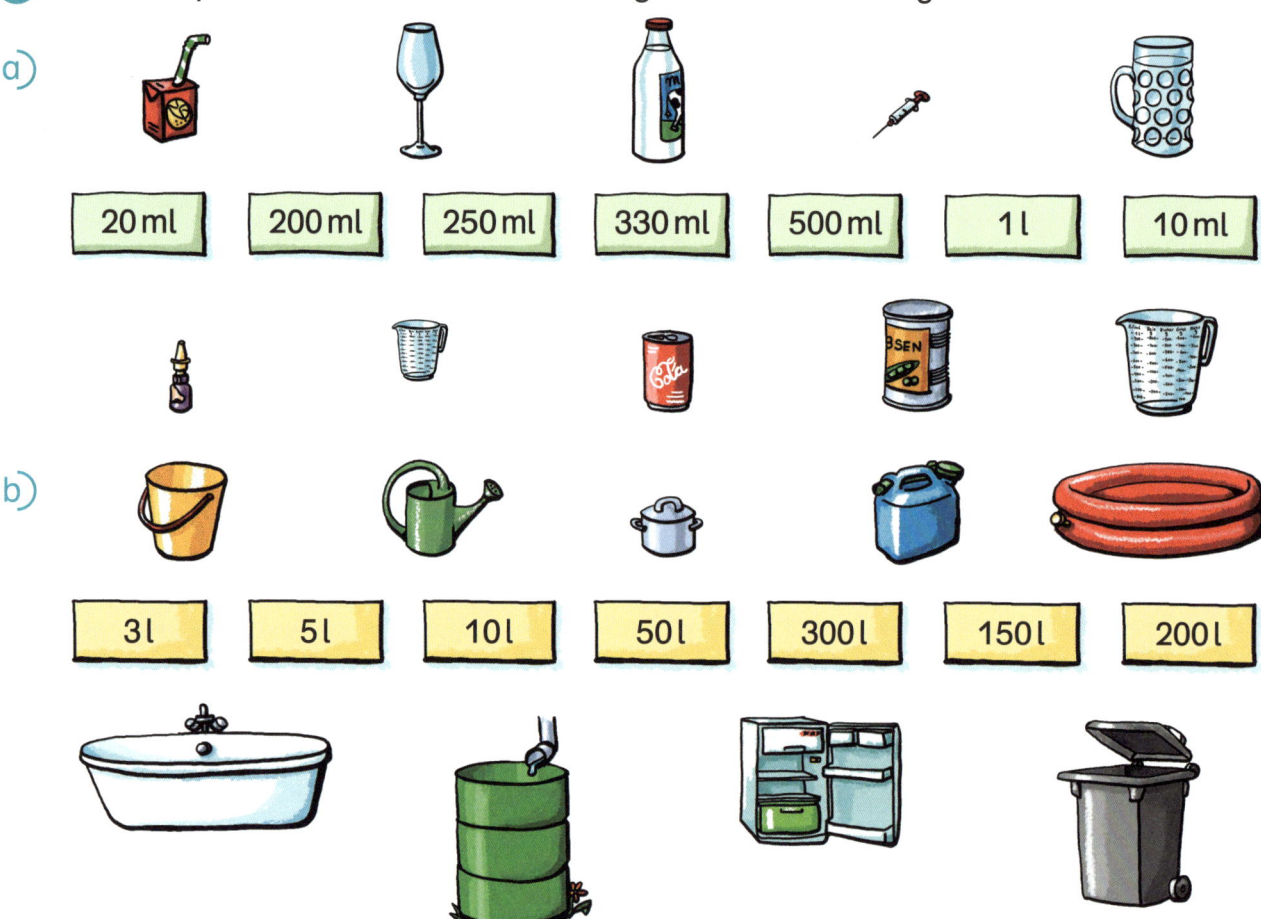

| 20 ml | 200 ml | 250 ml | 330 ml | 500 ml | 1 l | 10 ml |

b)

| 3 l | 5 l | 10 l | 50 l | 300 l | 150 l | 200 l |

3 Wie viel ist ein Liter?

a) Fülle die Tabelle aus.

Gefäße	Saftglas (0,250 l)	kleine Tasse (0,100 l)	Teelöffel (0,005 l)	Jogurtbecher (0,125 l)
ergeben 1 Liter:	4			

b) Suche weitere Gefäße und trage sie und die passenden Angaben in die Tabelle ein.

Gefäße				
ergeben 1 Liter:				

Vielfache finden

1	2	3	4	5	6	7	8	9	10
11	12	13	14	15	16	17	18	19	20
21	22	23	24	25	26	27	28	29	30
31	32	33	34	35	36	37	38	39	40
41	42	43	44	45	46	47	48	49	50
51	52	53	54	55	56	57	58	59	60
61	62	63	64	65	66	67	68	69	70
71	72	73	74	75	76	77	78	79	80
81	82	83	84	85	86	87	88	89	90
91	92	93	94	95	96	97	98	99	100

Tipp:
Setze die Punkte einer Farbe immer an die gleiche Stelle im Kästchen.

Welche Muster kannst du entdecken?

1 Kennzeichne in der Hundertertafel die Vielfachen von …

a) … 2 mit einem roten Punkt.

b) … 6 mit einem braunen Punkt.

c) … 3 mit einem schwarzen Punkt.

d) … 7 mit einem orangen Punkt.

e) … 4 mit einem blauen Punkt.

f) … 8 mit einem gelben Punkt.

g) … 5 mit einem grünen Punkt.

h) … 9 mit einem lila Punkt.

2 Untersuche die Zahl 12.

a) Kreise in der Hundertertafel alle Vielfachen von 12 ein: 12, 24, 36, …

b) Ergänze folgende Aussage:

12 ist Vielfaches von ☐ , ☐ , ☐ , ☐ und ☐ .

Deshalb sind auch alle Vielfachen von 12

Vielfache von ☐ , ☐ , ☐ , ☐ und ☐ .

1 Bestimme die Teiler.

a) Kreuze für jede Zahl von 1 bis 20 an, von welchen Zahlen sie Teiler ist.

2 ist Teiler von 2, 4, …

ist Teiler von	1	2	3	4	5	6	7	8	9	10	11	12	13	14	15	16	17	18	19	20	21	22	23	24	25	26	27	28	29	30	31	32	33	34	35	36	37	38	39	40	41	42	43	44
1																																												
2		X		X																																								
3																																												
4																																												
5																																												
6																																												
7																																												
8																																												
9																																												
10																																												
11																																												
12																																												
13																																												
14																																												
15																																												
16																																												
17																																												
18																																												
19																																												
20																																												

b) Stelle Regelmäßigkeiten fest, schreibe deine Entdeckungen auf und vergleiche sie mit denen anderer Kinder.

Das habe ich entdeckt:

In mehreren Schritten multiplizieren und dividieren

1 Zerlege die Aufgaben in Teilschritte und bestimme die Ergebnisse.

217 · 6 = ☐	392 · 5 = ☐	186 · 9 = ☐
200 · 6 = ☐	☐ · 5 = ☐	☐ · 9 = ☐
☐ · 6 = ☐	☐ · 5 = ☐	☐ · 9 = ☐
☐ · 6 = ☐	☐ · 5 = ☐	☐ · 9 = ☐
217 · 6 = ☐	392 · 5 = ☐	186 · 9 = ☐

2 Wie heißen die Aufgaben, die zerlegt wurden? Bestimme auch die Ergebnisse.

234 · 4 = ☐	☐ · ☐ = ☐	☐ · ☐ = ☐
200 · 4 = ☐	400 · 2 = ☐	100 · 6 = ☐
30 · 4 = ☐	30 · 2 = ☐	50 · 6 = ☐
4 · 4 = ☐	5 · 2 = ☐	3 · 6 = ☐

3 Zerlege die Aufgaben in Teilschritte und bestimme die Ergebnisse.

165 : 5 = ☐	352 : 4 = ☐	464 : 8 = ☐
☐ : 5 = ☐	☐ : 4 = ☐	☐ : 8 = ☐
☐ : 5 = ☐	☐ : 4 = ☐	☐ : 8 = ☐
165 : 5 = ☐	352 : 4 = ☐	464 : 8 = ☐

4 Wie heißen die Aufgaben, die zerlegt wurden? Bestimme auch die Ergebnisse.

☐ : 3 = ☐	☐ : 6 = ☐	☐ : 2 = ☐
900 : 3 = ☐	600 : 6 = ☐	800 : 2 = ☐
30 : 3 = ☐	60 : 6 = ☐	20 : 2 = ☐
12 : 3 = ☐	18 : 6 = ☐	16 : 2 = ☐

1 Ergänze die Multiplikationsaufgaben in den Blütenblättern so,
dass sie die Zahl in der Mitte als Ergebnis haben.

a)

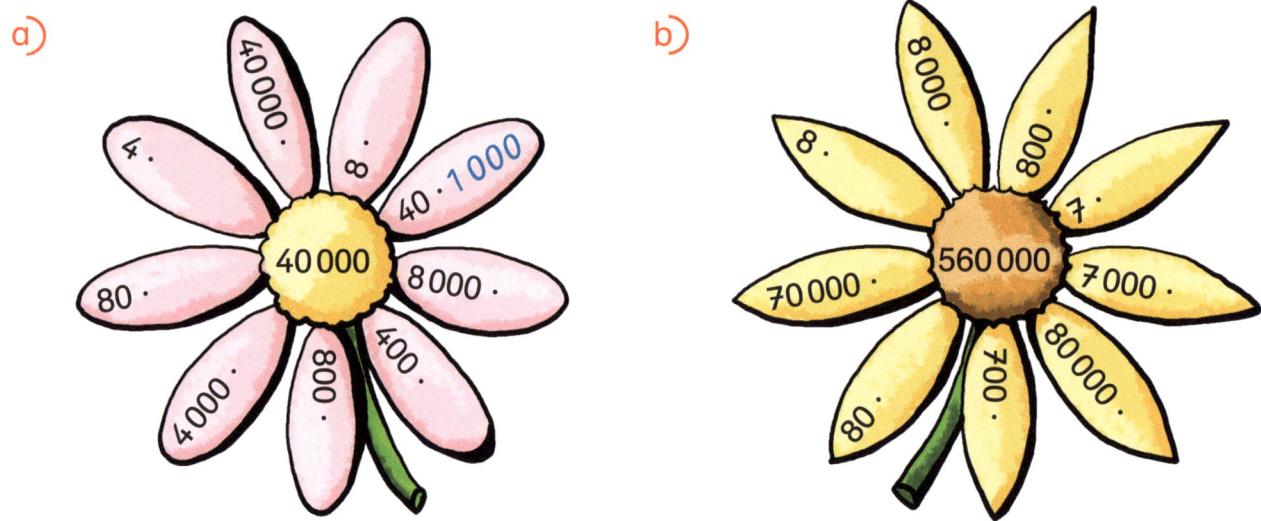

Blüte a) Mitte: **40 000**
Blütenblätter: 40 000 · ; 4 · ; 8 · ; 40 · 1 000 ; 8 000 · ; 80 · ; 4 000 · ; 800 · ; 400 ·

b) Mitte: **560 000**
Blütenblätter: 8 000 · ; 8 · ; 800 · ; 7 · ; 70 000 · ; 7 000 · ; 80 · ; 700 · ; 80 000 ·

2 Schreibe zu jeder Aufgabe im Dach alle möglichen Analogieaufgaben auf.
Keine Aufgabe soll doppelt vorkommen.

a) **72 : 8**

720 000 : 8 = ___
72 000 : ___ = 9
720 000 : 80 000 = ___
720 : ___ = 90
7 200 : ___ = 9
720 000 : ___ = 90
720 : 80 = ___
7 200 : ___ = 900
720 000 : ___ = 900
72 000 : ___ = 9 000
720 000 : 80 = ___
72 000 : ___ = ___
72 000 : ___ = ___
7 200 : ___ = ___

b) **24 : 3**

240 000 : 3 = ___
___ : ___ = 8
___ : 30 000 = ___
___ : ___ = 80
___ : ___ = ___
___ : ___ = ___
___ : 30 = ___
___ : ___ = ___
___ : ___ = 800
___ : ___ = ___
___ : 30 = ___
___ : ___ = ___
___ : ___ = ___
___ : ___ = ___

Rechtecke und Quadrate zeichnen

1 Suche Rechtecke und Quadrate. Zeichne Rechtecke mit einem blauen Stift nach, Quadrate mit einem roten. Benutze dein Lineal oder dein Geodreieck.

2 Ergänze mithilfe des Geodreiecks …

a) … zu Rechtecken.

b) … zu Quadraten.

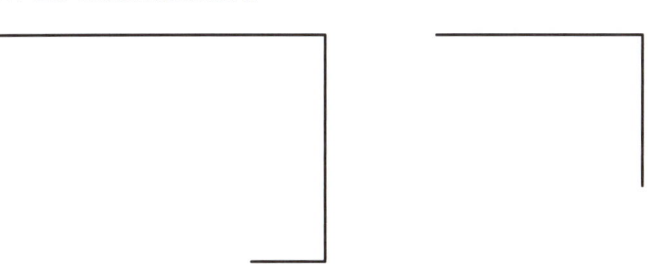

Rechte Winkel erkennen und zeichnen

1 Kennzeichne in den Figuren alle rechten Winkel so: └⌐
Überprüfe mit dem Faltwinkel oder mit dem Geodreieck.

Um mit dem Geodreieck gut überprüfen zu können,
kannst du vorher einzelne Linien verlängern.

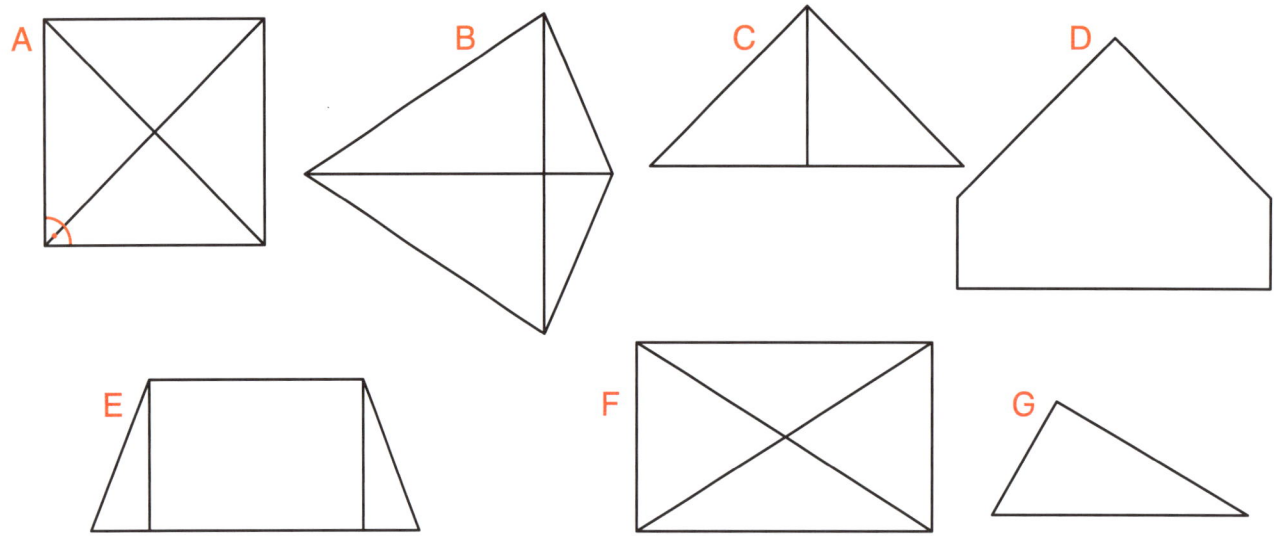

2 Zeichne mit dem Geodreieck zu jeder Linie eine Senkrechte,
die durch den vorgegebenen Punkt geht.

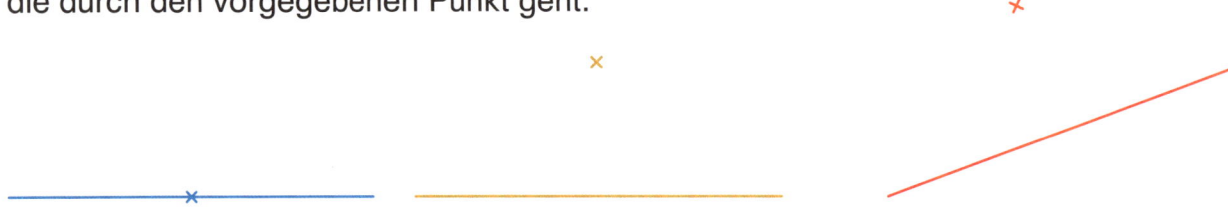

3 Setze die Zeichnung mit dem Geodreieck so fort, dass die
nächste Linie jeweils senkrecht zur zuletzt gezeichneten ist.
Kennzeichne immer den entstandenen rechten Winkel.

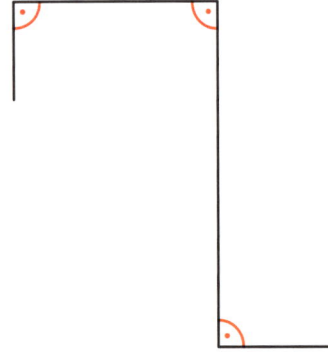

Parallele Linien finden

1 Zeichne alle Linien, die zu a parallel sind, blau nach.
Linien, die zu b parallel sind, zeichnest du rot nach.

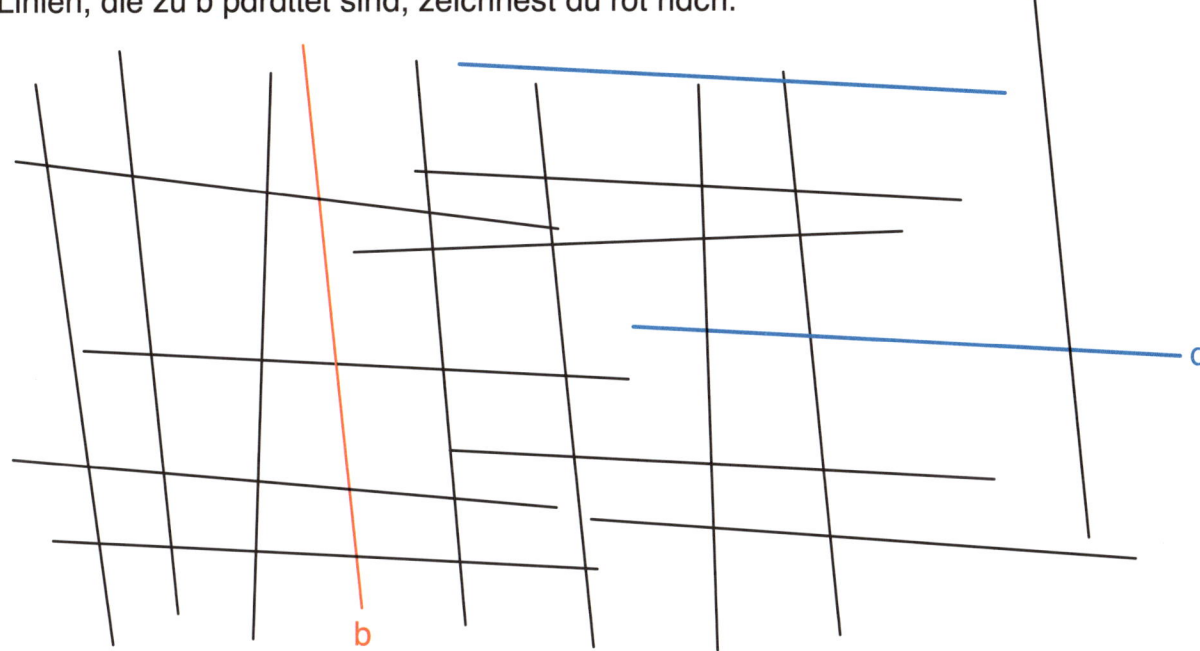

2 Zeichne parallele Linien jeweils in der gleichen Farbe nach.

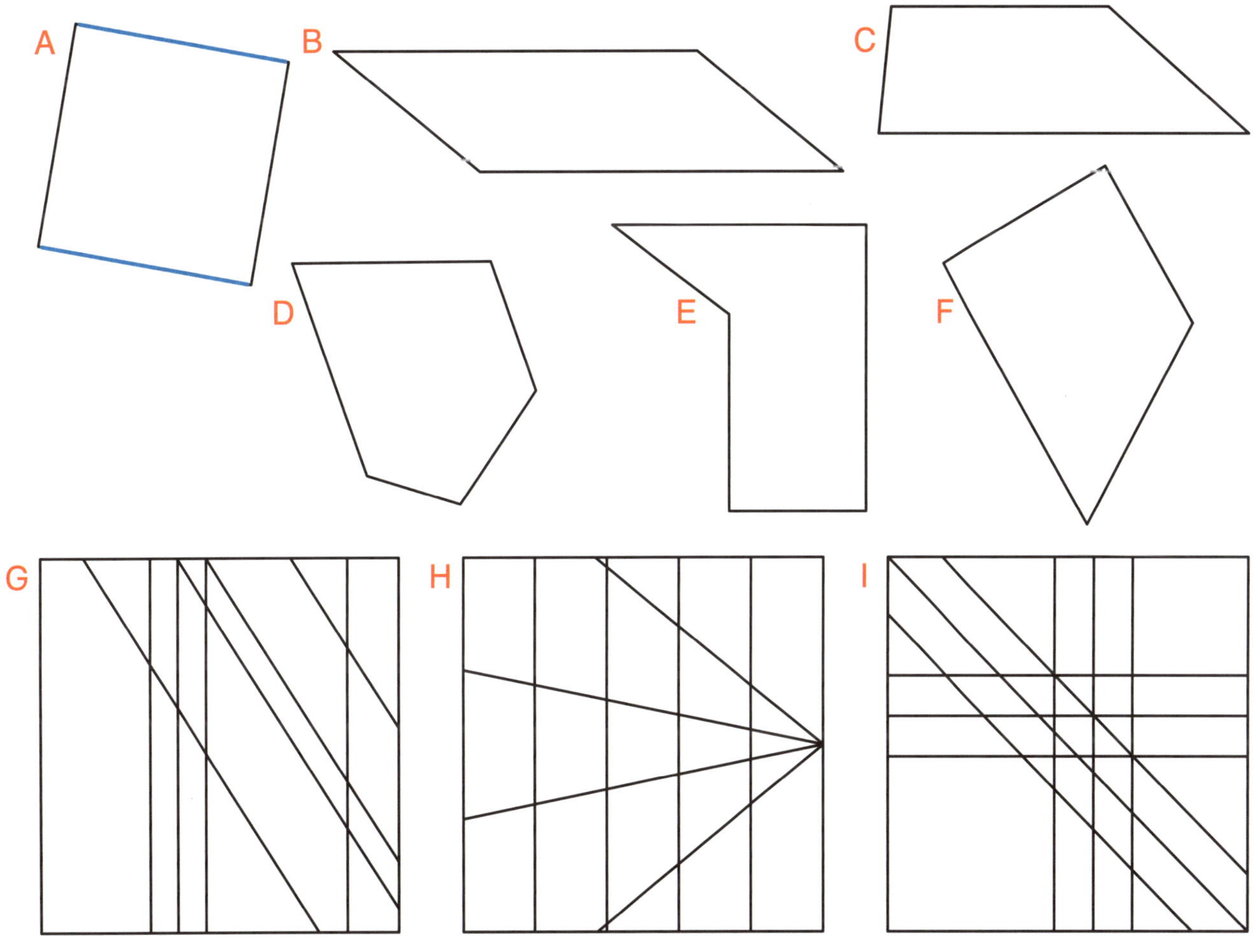

A B C

D E F

G H I

Parallele Linien zeichnen

1 Zeichne mit dem Geodreieck Parallelen zu den Seiten des Dreiecks, die durch die gekennzeichneten Punkte gehen.

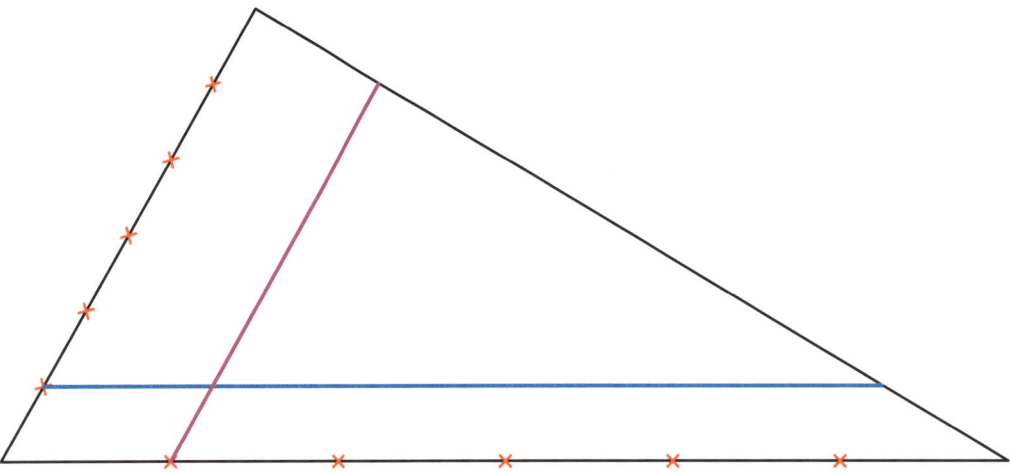

2 Zeichne mit dem Geodreieck die Parallelen im gleichen Abstand weiter.

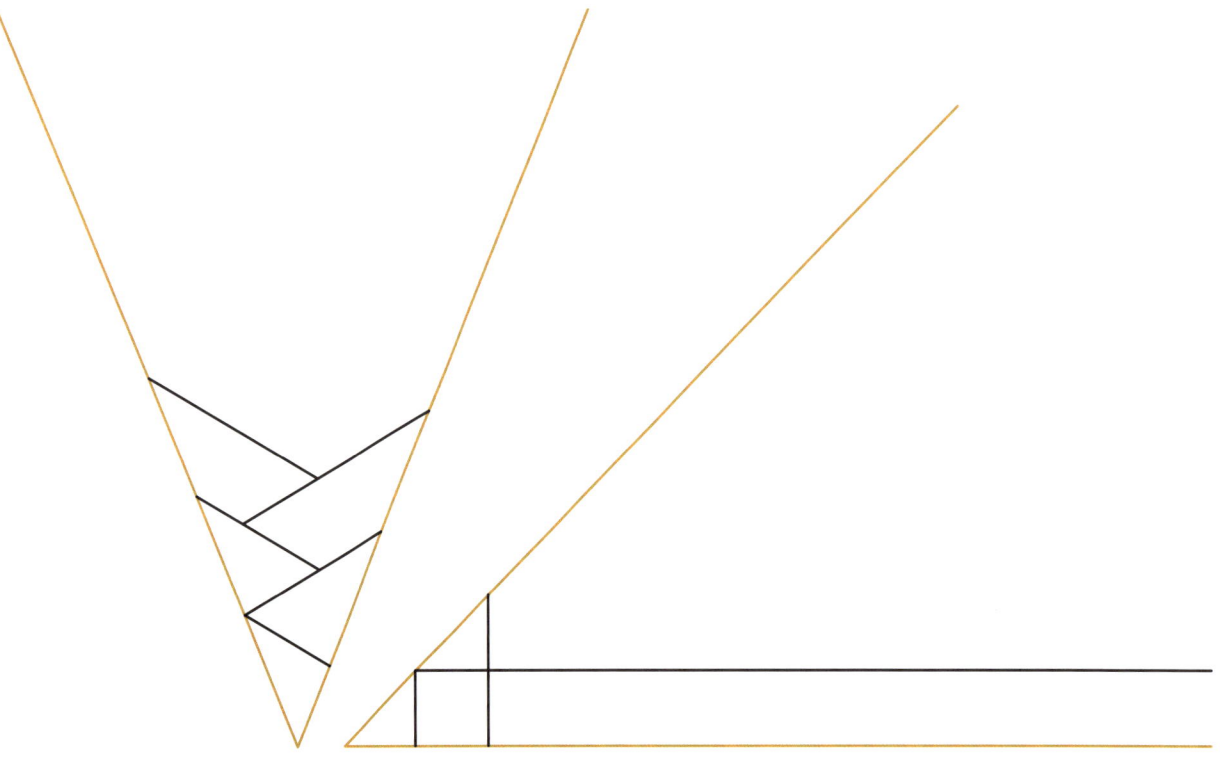

Symmetrieachsen einzeichnen

1 Zeichne alle möglichen Symmetrieachsen ein.

a)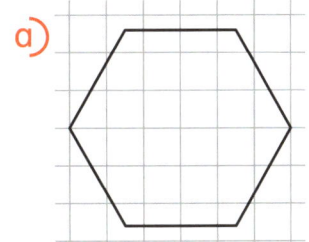

b)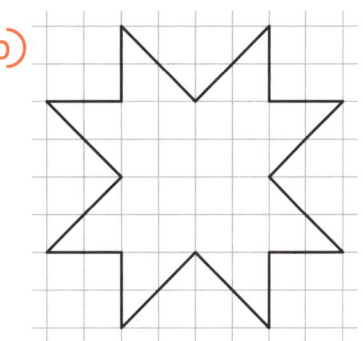

c)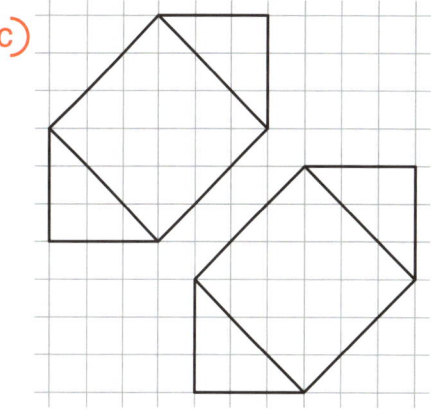

2 Umkreise die symmetrischen Verkehrsschilder.
Zeichne dann die Symmetrieachsen ein.

3 Schreibe unter die Flaggen, die du kennst, das Land, zu dem sie gehören.
Trage in die Kästchen die Anzahl der Symmetrieachsen ein. Zeichne sie ein.

  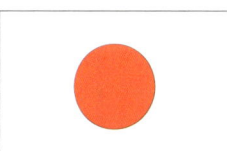

Symmetrische Figuren zeichnen

1 Spiegle die Figur zuerst an der roten Achse. Spiegle die Spiegelfigur dann an der blauen Achse und die neue Spiegelfigur noch einmal an der grünen Achse.

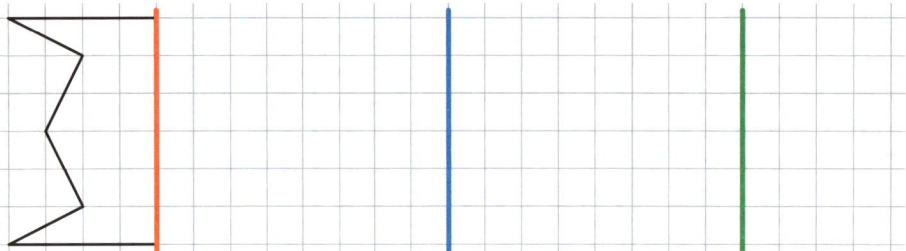

2 Spiegle zuerst an der roten Achse. Spiegle dann alles an der blauen Achse.

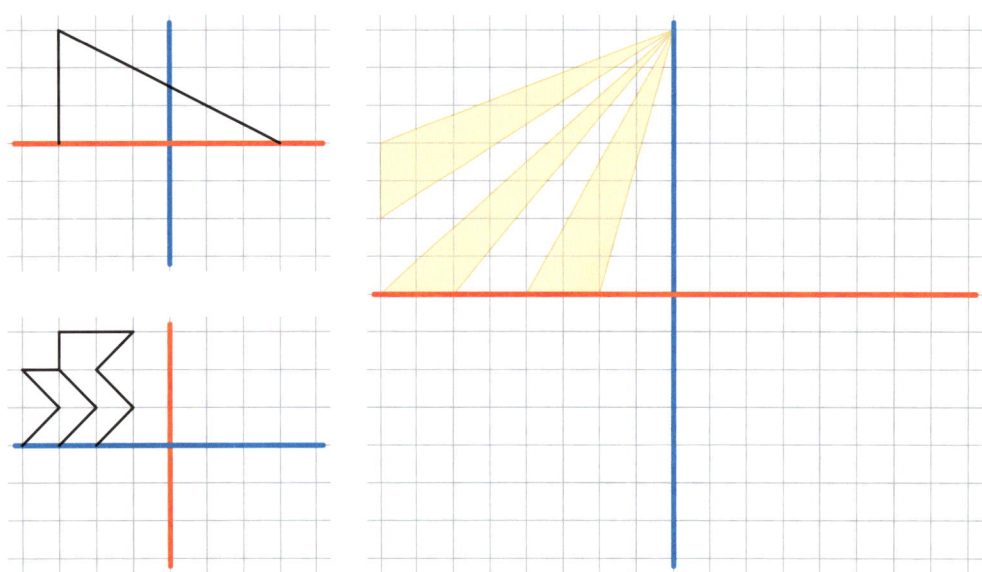

3 Spiegle die Figuren zuerst an der roten Achse.
Spiegle die Spiegelfigur dann an der grünen Achse.
Fahre so fort und spiegle der Reihe nach an allen weiteren Achsen.

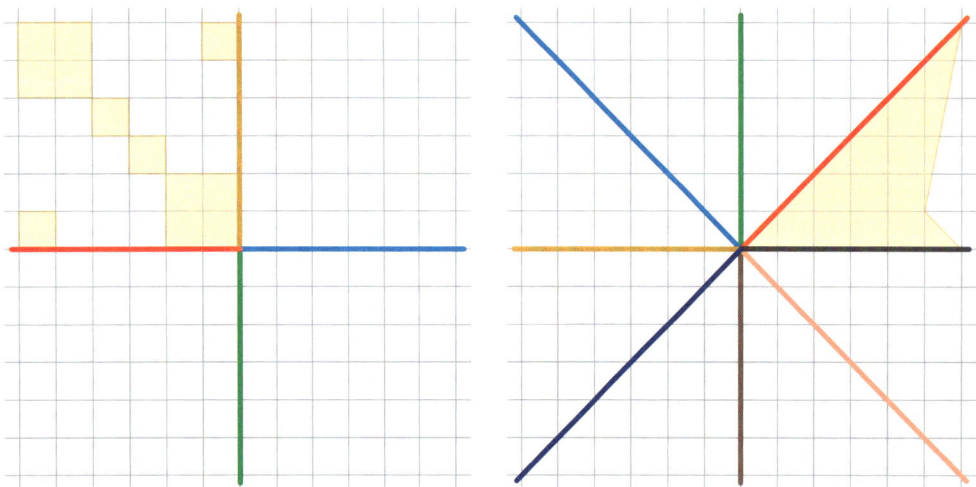

Drehsymmetrische Figuren zeichnen

1 Ergänze jede Figur so, dass sie drehsymmetrisch wird.
Die neue, drehsymmetrische Figur soll den eingezeichneten Drehpunkt haben.

a)
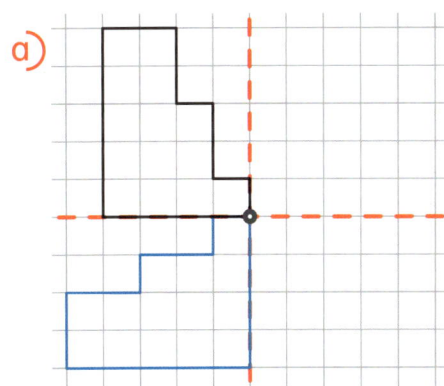

b)
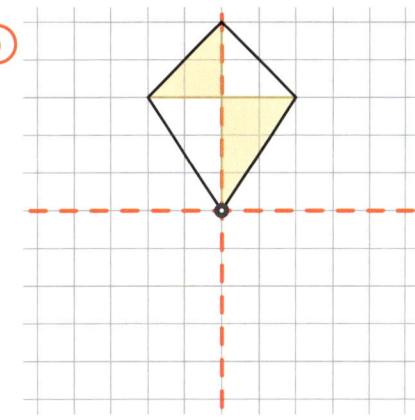

2 Die Gesamtfigur soll drehsymmetrisch werden.
Trage die Buchstaben der Teilfiguren am richtigen Platz ein. Ein Teil bleibt übrig.

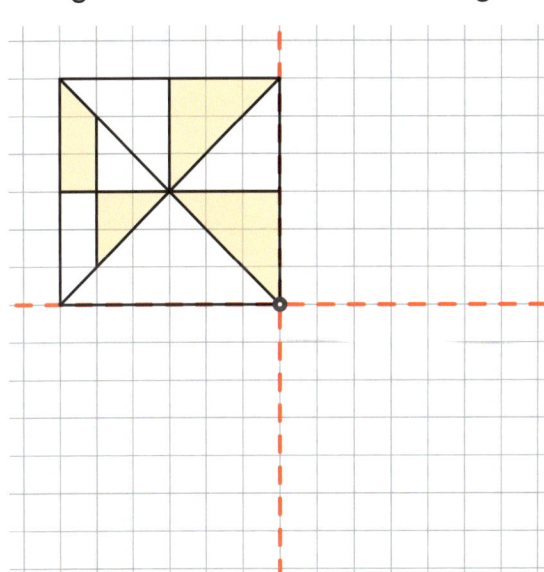

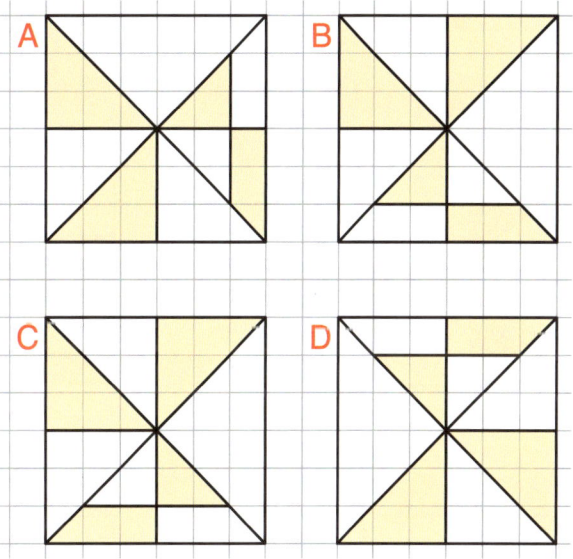

3 Färbe die Figur
so, dass sie
drehsymmetrisch
bleibt.

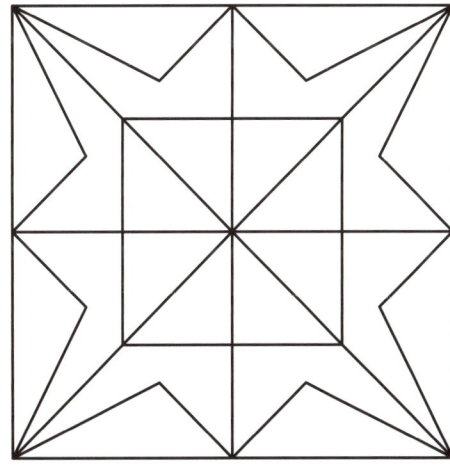

Achsen- und drehsymmetrische Figuren unterscheiden

1 Ordne den Figuren passend zu:

A achsensymmetrisch   B drehsymmetrisch
C achsen- und drehsymmetrisch   D nicht symmetrisch

 C

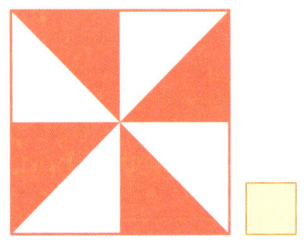

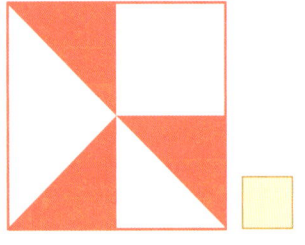

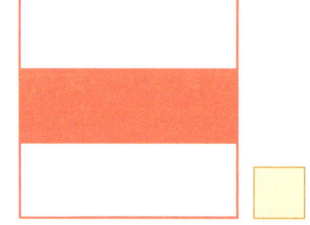

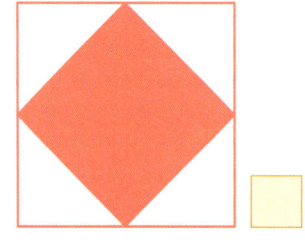

Schriftliches Multiplizieren üben 1

1 Löse die Aufgaben. Male die Felder mit den Ergebniszahlen aus.

a)

5 6 4 · 5	7 5 6 · 8	9 6 4 · 7	6 4 8 · 4
2 8 2 0			

9 4 7 · 6	3 0 6 · 3	8 2 7 · 6	2 7 3 · 2

b)

3 5 2 4 · 4	7 8 2 9 · 7	4 0 2 1 · 8	8 1 6 7 · 9

5 4 1 2 · 3	6 7 3 0 · 2	9 1 4 8 · 5	2 1 4 6 · 6

c)

1 2 4 2 8 · 7	5 3 6 1 9 · 4	7 9 0 6 2 · 3

6 7 8 1 7 · 5	2 8 7 1 0 · 8	1 2 4 0 3 · 9

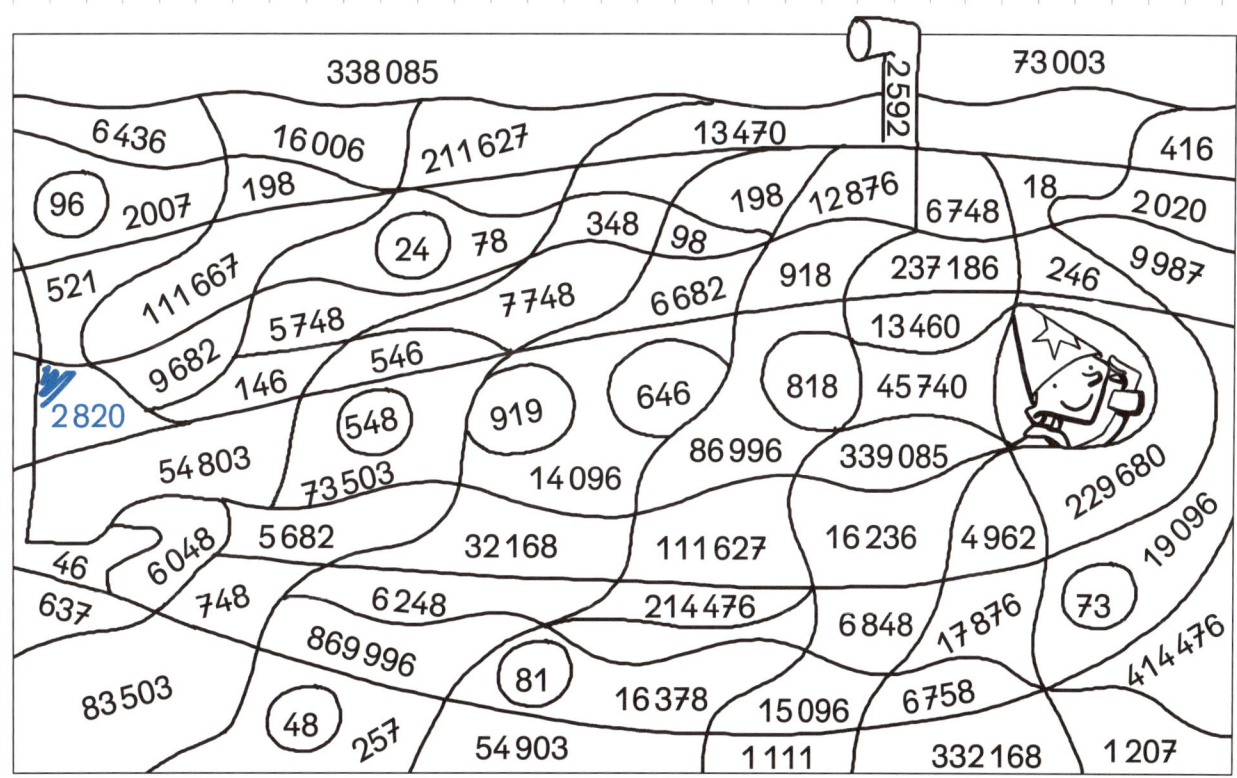

Schriftliches Multiplizieren üben 2

1 Überschlage zuerst. Rechne dann schriftlich. Kontrolliere selbst.

a) Ü: 3 0 0 · 4 = 1 2 0 0

$$
\begin{array}{r}
3\ 2\ 1 \cdot 4 \\
\hline
1\ 2\ 8\ 4
\end{array}
$$

Ü:

$$
\begin{array}{r}
4\ 3\ 2 \cdot 2 \\
\hline
\end{array}
$$

Ü:

$$
\begin{array}{r}
6\ 3\ 2 \cdot 8 \\
\hline
\end{array}
$$

Ü:

$$
\begin{array}{r}
4\ 0\ 3 \cdot 7 \\
\hline
\end{array}
$$

b) Ü:

$$
\begin{array}{r}
3\ 5\ 3\ 5 \cdot 4 \\
\hline
\end{array}
$$

Ü:

$$
\begin{array}{r}
3\ 9\ 8\ 1 \cdot 6 \\
\hline
\end{array}
$$

Ü:

$$
\begin{array}{r}
4\ 8\ 1\ 5 \cdot 7 \\
\hline
\end{array}
$$

Ü:

$$
\begin{array}{r}
3\ 4\ 2\ 9 \cdot 2 \\
\hline
\end{array}
$$

c) Ü:

$$
\begin{array}{r}
1\ 1\ 9\ 3\ 5 \cdot 2 \\
\hline
\end{array}
$$

Ü:

$$
\begin{array}{r}
3\ 2\ 4\ 8\ 5 \cdot 6 \\
\hline
\end{array}
$$

Ü:

$$
\begin{array}{r}
8\ 5\ 4\ 1\ 3 \cdot 7 \\
\hline
\end{array}
$$

Ü:

$$
\begin{array}{r}
6\ 7\ 1\ 0\ 1 \cdot 8 \\
\hline
\end{array}
$$

864   1284   2821   5056   6858   14140   23870   23886   33705   194910   536808   597891

Schriftliches Multiplizieren üben 3

1 Löse die Aufgaben. Überschlage zuerst.

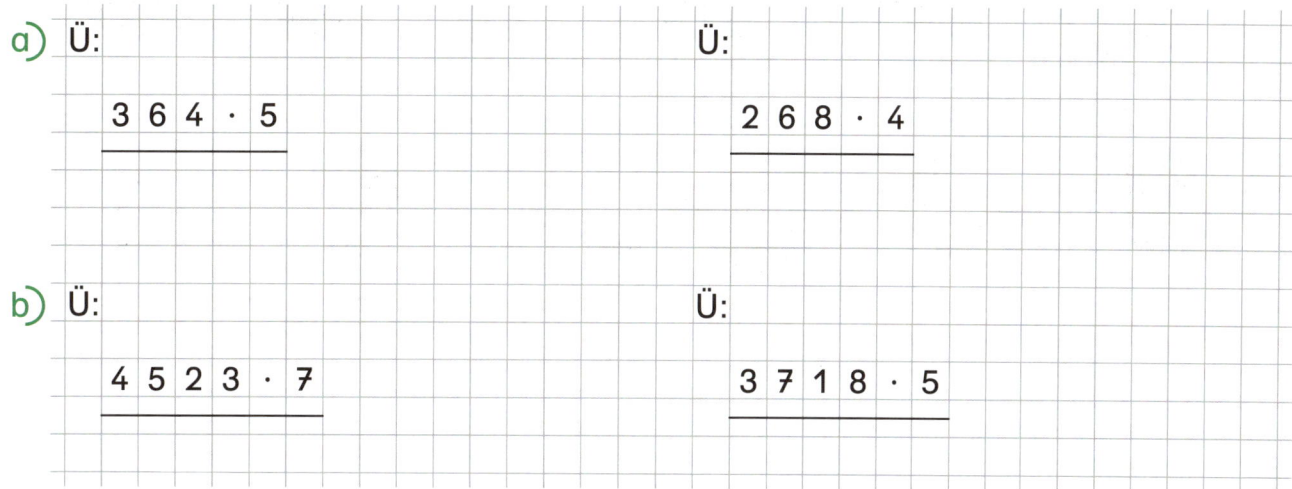

a) Ü:

$3\ 6\ 4\ \cdot\ 5$

Ü:

$2\ 6\ 8\ \cdot\ 4$

b) Ü:

$4\ 5\ 2\ 3\ \cdot\ 7$

Ü:

$3\ 7\ 1\ 8\ \cdot\ 5$

2 Ergänze die fehlenden Ziffern.

a) $5\ 2\ \square\ \cdot\ 4$
$\square\ 1\ 0\ 4$

b) $8\ \square\ 9\ 2\ \square\ \cdot\ 3$
$2\ 5\ 4\ \square\ 6\ 0$

c) $5\ \square\ 3\ \square\ \cdot\ \square$
$5\ 8\ \square\ 6$

d) $2\ 6\ \square\ 1\ 4\ \cdot\ 5$
$\square\ 3\ 2\ 5\ 7\ 0$

e) $\square\ 6\ 3\ 9\ \square\ \cdot\ 4$
$1\ 0\ 5\ 5\ 8\ 8$

f) $9\ 1\ \square\ 5\ 6\ \cdot\ 7$
$6\ 4\ 0\ 8\ 9\ \square$

3 Rechne nach und verbessere die Fehler. Es sind insgesamt fünf Ergebnisse falsch.

a) $9\ 8\ 0\ 4\ \cdot\ 3$
$2\ 9\ 4\ \cancel{4}\ 2$
$\quad\quad\ 1$

b) $3\ 6\ 8\ \cdot\ 7$
$2\ 4\ 7\ 6$

c) $4\ 3\ 7\ 2\ \cdot\ 6$
$2\ 5\ 8\ 3\ 2$

d) $9\ 3\ 5\ 4\ \cdot\ 2$
$1\ 8\ 7\ 0\ 8$

e) $5\ 1\ 7\ \cdot\ 5$
$2\ 5\ 5\ 5$

f) $6\ 6\ 5\ 6\ \cdot\ 4$
$2\ 6\ 6\ 2\ 4$

g) $5\ 2\ 9\ \cdot\ 9$
$4\ 7\ 6\ 1$

h) $7\ 6\ 9\ 2\ \cdot\ 5$
$3\ 8\ 4\ 6\ 5$

4 Finde mithilfe der Überschlagsrechnung falsche Ergebnisse.
Streiche die falsch gelösten Aufgaben durch.

a) $3\ 7\ 1\ 8\ \cdot\ 6$
$2\ 2\ 2\ 6\ 4\ 8$

b) $1\ 2\ 0\ 5\ \cdot\ 7$
$8\ 4\ 3\ 5$

c) $6\ 9\ 8\ \cdot\ 8$
$5\ 5\ 8\ 4$

d) $9\ 7\ 5\ 6\ \cdot\ 3$
$1\ 9\ 7\ 3\ 7$

e) $6\ 1\ 7\ \cdot\ 5$
$2\ 5\ 8\ 5$

f) $4\ 0\ 5\ \cdot\ 9$
$4\ 0\ 5$

g) $2\ 6\ 1\ \cdot\ 4$
$1\ 0\ 2\ 4\ 4$

h) $2\ 2\ 9\ 8\ 9\ \cdot\ 6$
$1\ 3\ 7\ 9\ 3\ 4$

Kommazahlen schriftlich multiplizieren

Chips 1.⁵⁹€ **Spagetti** 500g 1.²⁹€ **Apfelsaft** 1l 0.⁶⁹€ **Orangensaft** 1l 1.³⁹€ **Ananas** 2.⁵⁹€ **Milch** 1l 0.⁷⁹€

Trauben 1kg 2.⁵⁹€ **Bananen** 1kg 1.¹⁹€ **Pizza** 2.³³€ **Salami** 100g 1.²⁹€ **Erdbeeren** 500g 2.⁵⁹€ **Schokopudding** 0.⁵⁹€

1 Berechne jeweils den Gesamtpreis für die Einkäufe.

a) 2 kg Bananen: _____   b) 2 Ananas: _____

    3 l   Apfelsaft: _____   4 Schokopudding: _____

    4 l   Orangensaft: _____   5 l Milch: _____

  300 g Salami: _____   6 Pizzen: _____

  Gesamtpreis: _____   Gesamtpreis: _____

a)

b)

2 Schreibe eine eigene Einkaufsliste und berechne den Gesamtpreis.

Mithilfe der Stellentafel schriftlich multiplizieren

1 Berechne die Aufgaben. Nutze die Stellentafel. Kontrolliere selbst.

a)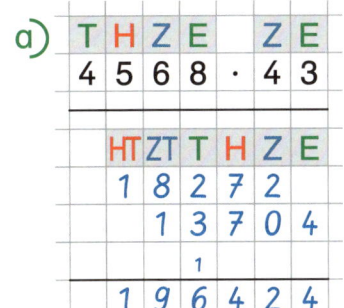

T	H	Z	E		Z	E
4	5	6	8	·	4	3

	HT	ZT	T	H	Z	E
		1	8	2	7	2
			1	3	7	0	4
				1		
	1	9	6	4	2	4

b)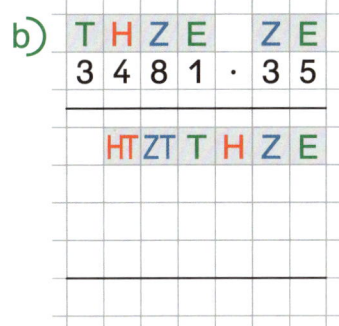

T	H	Z	E		Z	E
3	4	8	1	·	3	5

HT ZT T H Z E

c)

T	H	Z	E		Z	E
4	7	5	3	·	6	2

HT ZT T H Z E

d)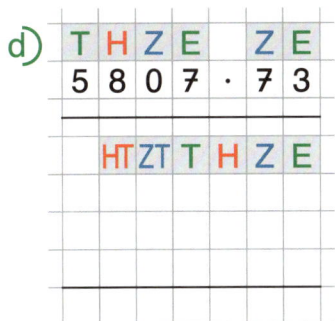

T	H	Z	E		Z	E
5	8	0	7	·	7	3

HT ZT T H Z E

e)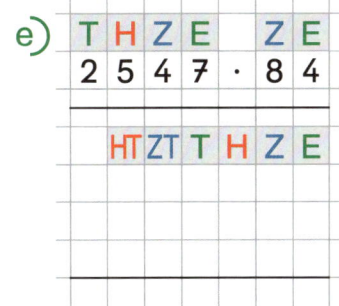

T	H	Z	E		Z	E
2	5	4	7	·	8	4

HT ZT T H Z E

f)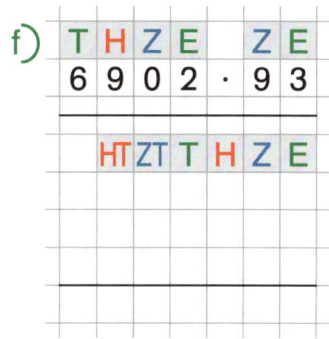

T	H	Z	E		Z	E
6	9	0	2	·	9	3

HT ZT T H Z E

g)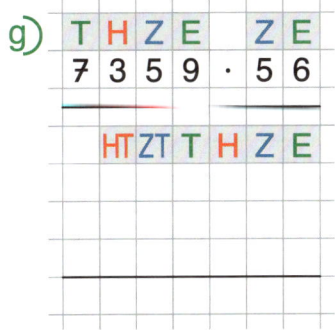

T	H	Z	E		Z	E
7	3	5	9	·	5	6

HT ZT T H Z E

h)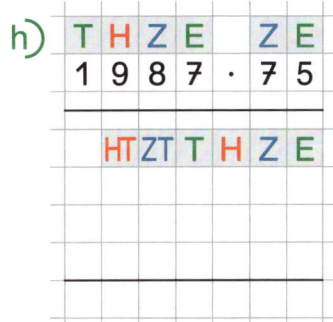

T	H	Z	E		Z	E
1	9	8	7	·	7	5

HT ZT T H Z E

i)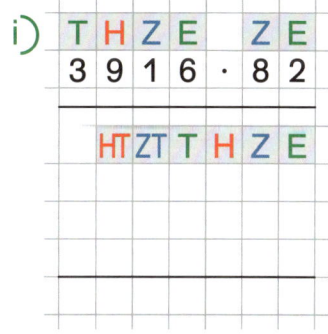

T	H	Z	E		Z	E
3	9	1	6	·	8	2

HT ZT T H Z E

k)

T	H	Z	E		Z	E
5	7	6	8	·	3	2

HT ZT T H Z E

l)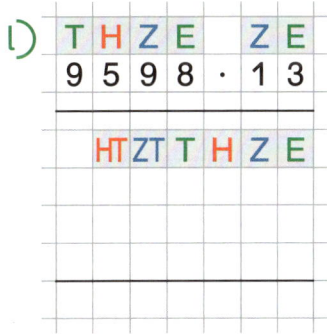

T	H	Z	E		Z	E
9	5	9	8	·	1	3

HT ZT T H Z E

m)

T	H	Z	E		Z	E
6	4	5	8	·	2	7

HT ZT T H Z E

121 835   124 774   149 025   174 366   184 576   196 424

213 948   294 686   321 112   412 104   423 911   641 886

Schriftliches Multiplizieren mit zweistelligen Zahlen üben

1 Löse die Aufgaben. Vergleiche mit den Ergebniszahlen unten.

a)

2 7 0 · 4 0	4 7 9 · 6 0	6 0 6 · 3 0	9 4 2 · 6 0
1 0 8 0			
0 0 0			
1 0 8 0 0			

b)

2 6 9 · 2 4	4 8 9 · 5 3	2 6 7 · 7 6	5 3 7 · 5 8

c)

5 6 1 7 · 5 9	3 7 8 6 · 8 3	8 9 5 4 · 3 7	5 6 9 3 · 4 8

d)

4 0 6 8 · 7 1	8 9 3 0 · 9 7	6 7 8 3 · 3 6	5 8 3 5 · 6 4

e)

1 5 4 7 6 · 1 3	1 2 6 3 5 · 4 2

3 9 4 0 8 · 1 8	2 7 4 1 5 · 3 5

6 456
10 800 18 180 20 292
25 917 28 740 31 146
56 520 201 188 244 188
273 264 288 828 314 238
331 298 331 403 373 440
530 670 709 344 866 210 959 525

Die Überschlagsrechnung anwenden – Fehler finden und korrigieren

1 Löse die Aufgaben. Überschlage zuerst.

a) Ü:

3 4 7 8 · 6 3

Ü:

5 2 0 7 · 4 8

b) Ü:

2 8 4 1 3 · 2 3

Ü:

4 3 4 0 2 · 1 9

2 Ergänze die fehlenden Ziffern.

a) 5 2 0 · 5☐
☐☐☐☐
 2 0 8 0
☐☐0 8☐

b) 4 2 7 · ☐☐
 1 2 8 1
 ☐☐3 5
 1 4 9☐5

c) 4 3☐1 · 3 2
 1 3 0 5 3
 8☐0 2
 1 3☐2 3☐

d) ☐3 4 5 · 4☐
 9☐☐☐
 ☐☐9 0
 9 8 4 9 0

3 Rechne nach und verbessere die Fehler. Es sind insgesamt drei Ergebnisse falsch.

a) 5 6 3 9 · 2 2
 1 1 2 ̶6̶8 (⁷)
 1 1 2 6 8
 ₁
 1 2 3 9 4 8

b) 4 0 7 8 · 3 7
 1 2 2 3 4
 2 8 5 4 8
 ₁
 1 5 0 8 8 8

c) 1 5 4 0 · 6 5
 9 2 4 0
 7 7 0 0
 ₁ ₁ ₁
 1 0 0 1 0 0

d) 6 9 3 1 · 7 8
 4 8 5 1 7
 5 5 4 4 8
 ₁ ₁   ₁
 1 0 3 9 6 5

Fragen, Rechnungen und Antworten ergänzen

1 Herr Schulz entscheidet sich für Ratenzahlung.

F: Wie viel Euro muss Herr Schulz im Vergleich zum normalen Preis mehr bezahlen?

R:

998 Euro oder 15 Monatsraten zu je 75 Euro

A: Er muss _____ Euro mehr bezahlen.

2 Ole besorgt zum Klassenfest für jeden seiner 23 Mitschüler eine kleine Tüte Gummibärchen für je 0,45 Euro.

F: _____

R:

A: Ole muss _____ Euro bezahlen.

3 Tim spielt jeden Tag 15 Minuten Klavier.

F: Wie viel Minuten sind das in fünf Wochen?

R:

A: _____

_____

_____

4 Der Arbeitsplatz von Leas Vater ist 38 km von seinem Wohnort entfernt.

F: _____

R: $2 \cdot 38\,km = 76\,km$

$76\,km \cdot 20$

A: _____

_____

_____

_____

Wahrscheinlichkeiten von Handlungsergebnissen überlegen

1 In einem Karton befinden sich insgesamt 8 Steckwürfel.

– 5 gelbe Steckwürfel
– 2 rote Steckwürfel
– 1 grüner Steckwürfel

Max nimmt mit verbundenen Augen 4 Steckwürfel heraus. Entscheide, ob die Aussage sicher, möglich oder unmöglich ist.

	sicher	möglich	unmöglich
Alle vier Steckwürfel sind gelb.		✕	
Drei Steckwürfel sind rot und einer ist grün.			
Alle vier Steckwürfel sind rot.			
Zwei Steckwürfel sind rot und zwei sind gelb.			
Mindestens ein Steckwürfel ist gelb.			

2 Wie viele Steckwürfel muss Max mindestens aus dem Karton nehmen, damit er sicher einen roten Steckwürfel bekommt?

_____

3 Jetzt nimmt Max sechs Steckwürfel aus diesem Karton. Finde selbst eine Aussage, die …

a) … sicher ist: _____

b) … möglich ist: _____

c) … unmöglich ist: _____

4 Zeichne Steckwürfel in die Kartons, die zu den Aussagen passen.

a)

Max nimmt 3 Steckwürfel aus dem Karton. Es ist sicher, dass ein Steckwürfel rot und einer gelb ist.

b)

Max nimmt 2 Steckwürfel aus dem Karton. Es ist unmöglich, dass beide rot sind.

Kreise entsprechend vorgegebener Eigenschaften erkennen

1 Male möglichst viele Kreise aus. Sie dürfen sich nicht überschneiden.

2 Male Kreise aus, die sich berühren, aber nicht überschneiden.

Nach einer Anleitung zeichnen

1 Zeichne diese Figur. Führe nacheinander die beschriebenen Arbeitsschritte aus.

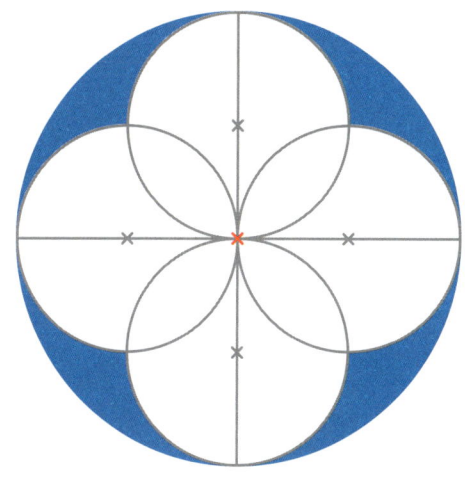

1. Zeichne um den markierten Mittelpunkt einen Kreis mit dem Radius 3 cm.

2. Zeichne durch den Mittelpunkt des Kreises zwei senkrecht aufeinanderstehende Linien. Sie sollen die Kreislinie schneiden.

3. Du hast nun vier Strecken vom Kreismittelpunkt bis zu den Schnittpunkten mit der Kreislinie. Halbiere diese vier Strecken mithilfe des Lineals. Markiere die Mittelpunkte der Strecken mit einem Kreuz.

4. Zeichne um jeden der vier markierten Punkte einen Kreis mit dem Radius 1,5 cm.

5. Male die vier Flächen zwischen den kleinen Kreisen und dem großen Kreis aus.

2 Zeichne die Figur. Führe nacheinander die beschriebenen Arbeitsschritte aus.

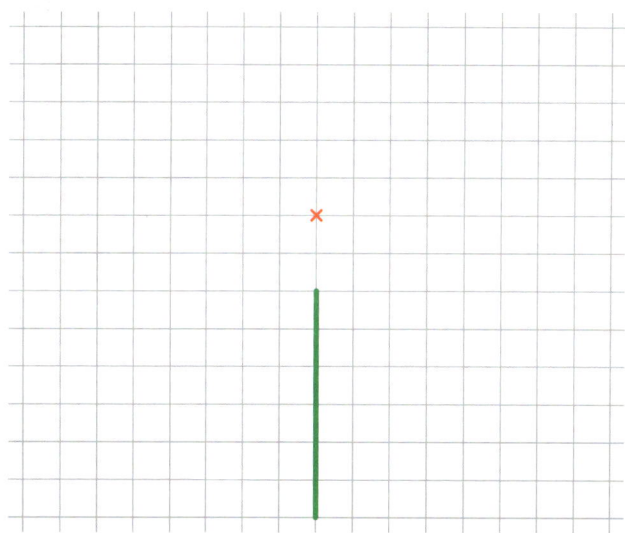

1. Zeichne um den markierten Mittelpunkt einen Kreis mit dem Radius 1 cm.

2. Verwandle die Figur nur mithilfe deines Zirkels in eine Blume.

Eine vorgegebene Figur zeichnen – die Zeichenanleitung schreiben

1 Zeichne die abgebildete Figur noch einmal in das Karofeld.

a) Gehe in diesen Schritten vor:

1. 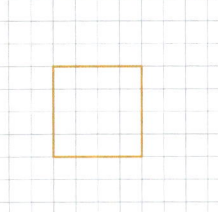 2. 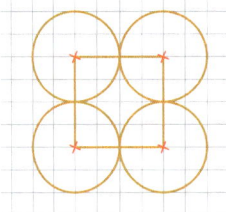 3. 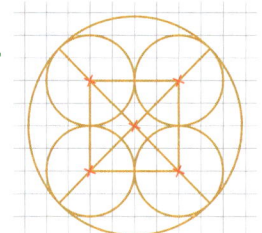 4.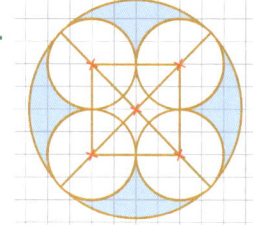

b) Beschreibe deine Arbeitsschritte.

1. _Ich zeichne ein_ _____

   mit der Seitenlänge ____ _cm._ _____

2. _____

   _____

   _____

3. _____

   _____

   _____

   _____

   _____

4. _____

   _____

Radius Mittelpunkt
Diagonale
Quadrat

Diese Begriffe helfen dir beim Beschreiben.

Bruchteile von Flächen darstellen

1 Färbe die angegebenen Bruchteile der Flächen
jeweils auf vier unterschiedliche Arten ein.

a) ein Drittel ($\frac{1}{3}$)

b) ein Viertel ($\frac{1}{4}$)

c) ein Sechstel ($\frac{1}{6}$)

d) die Hälfte ($\frac{1}{2}$)

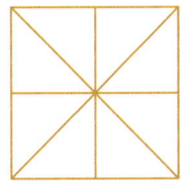 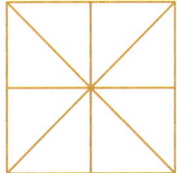 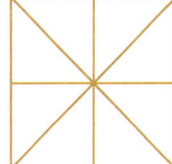 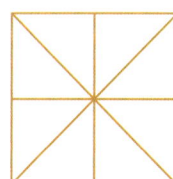

e) ein Achtel ($\frac{1}{8}$)

   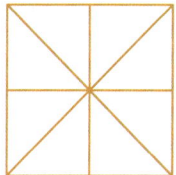

f) ein Viertel ($\frac{1}{4}$)

 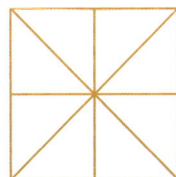 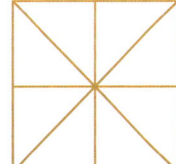 

Muster fortsetzen und erfinden

1 Wähle mindestens drei Muster aus und setze sie fort.

a)

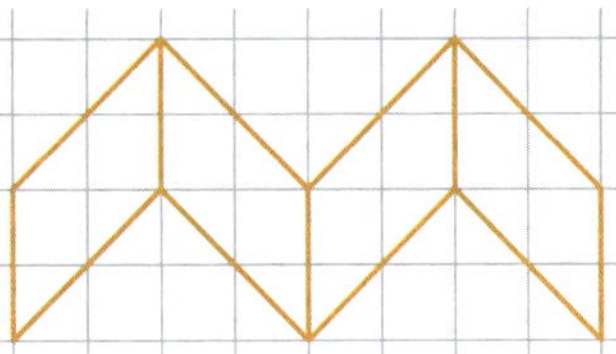

b)

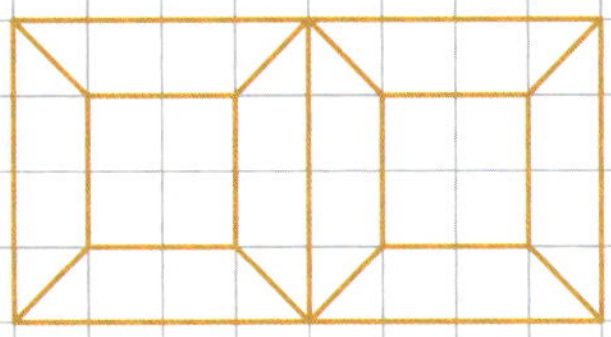

c)

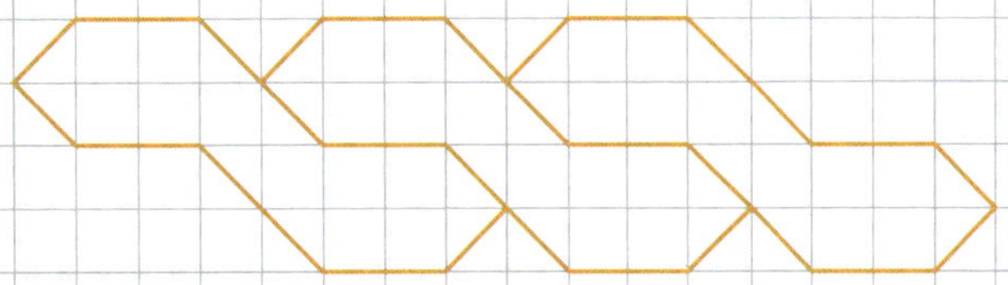

d)

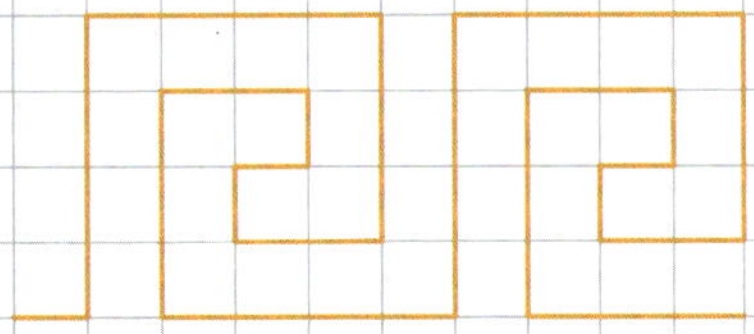

e)

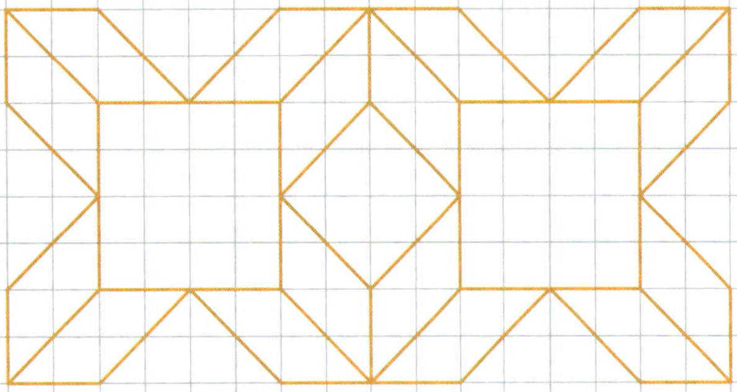

2 Erfinde ein eigenes Muster.

3 Male deine Muster so aus, dass sie regelmäßige Muster bleiben.

Muster mit Zirkel und Geodreieck zeichnen

1 Suche dir mindestens 3 Muster aus. Setze diese Muster fort.

a)
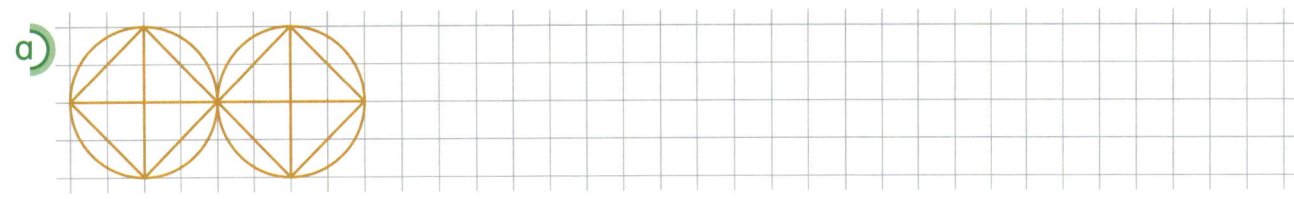

b)
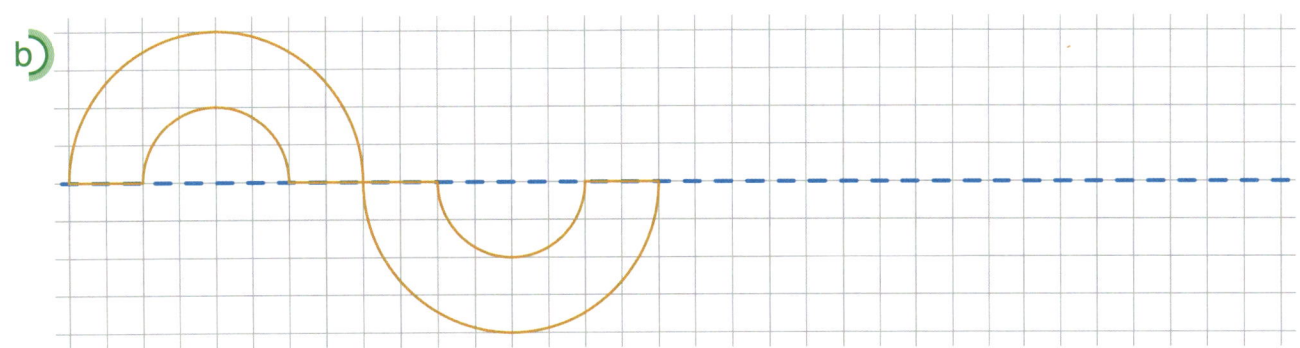

c)
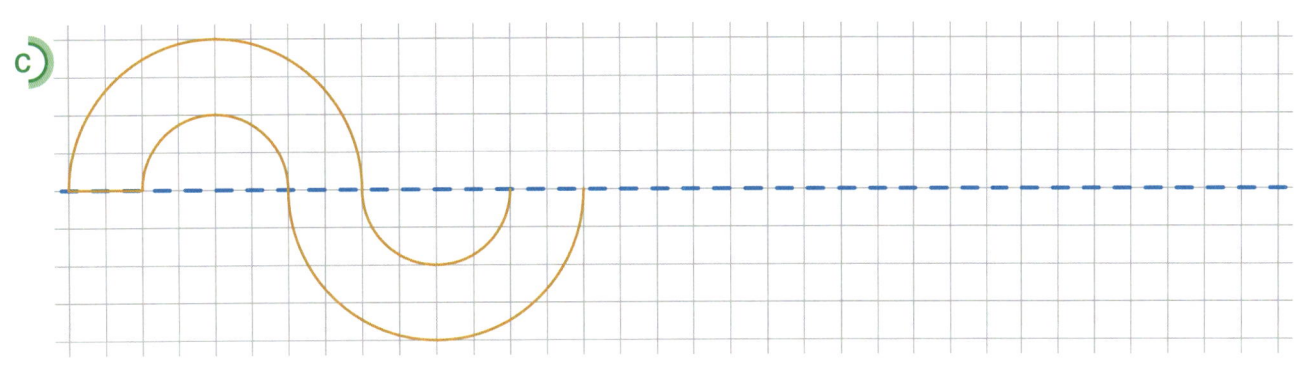

d)
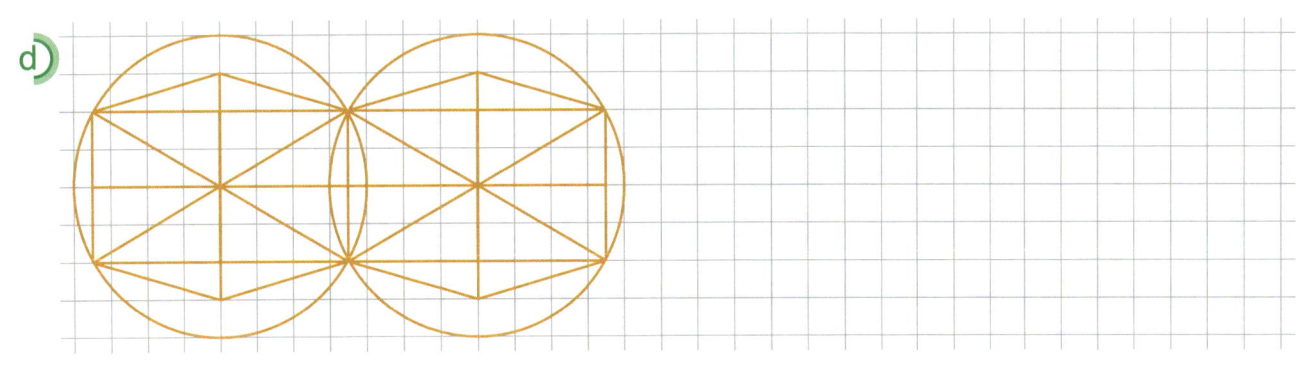

e)

Mit Stellentafel schriftlich dividieren

1 Rechne schriftlich.
Vergleiche deine Ergebnisse mit den Kontrollzahlen in den Sternen.

a)

Z	E				Z	E
9	6	:	8	=	1	
−	8					
	1					
	0					

Z	E				Z	E
7	2	:	6	=		
	0					

Z	E				Z	E
9	8	:	7	=		
	0					

b)

H	Z	E				H	Z	E
9	2	8	:	8	=			
		0						

H	Z	E				H	Z	E
8	2	2	:	3	=			
		0						

H	Z	E				H	Z	E
5	8	4	:	4	=			
		0						

c)

T	H	Z	E				T	H	Z	E
8	2	6	8	:	6	=				
			0							

ZT	T	H	Z	E				ZT	T	H	Z	E
9	6	3	2	5	:	5	=					
				0								

1378   12   146   12   116   14   274   19265

Ohne Stellentafel schriftlich dividieren

1 Dividiere schriftlich.
Vergleiche deine Ergebnisse mit den Kontrollzahlen in den Sternen.

a) $7835 : 5 = 1$
5

$5460 : 4 =$

b) $12896 : 8 =$

$17667 : 9 =$

c) $15265 : 5 =$

$18276 : 6 =$

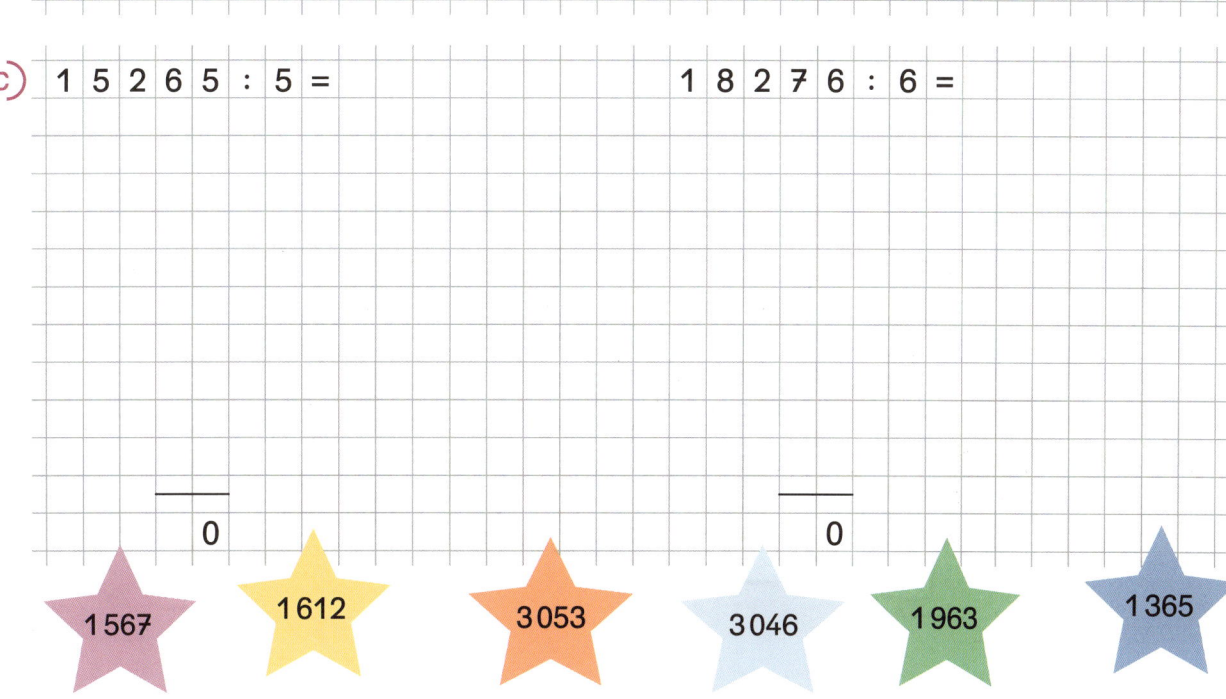

1567   1612   3053   3046   1963   1365

Schriftliches Dividieren üben

1 Dividiere schriftlich. Male im Bild unten die Felder mit den Ergebnissen aus.

a) 8 6 8 4 : 4 =

b) 3 2 9 4 : 6 =

c) 2 3 4 9 : 3 =

d) 3 0 7 5 : 5 =

2 Dividiere schriftlich. Achte besonders auf die Nullen. Male die Ergebnisse unten aus.

a) 4 2 3 2 : 4 =

b) 1 2 2 2 8 : 3 =

c) 6 4 3 8 : 6 =

d) 1 6 6 4 : 8 =

Mit Überschlagsrechnung und Umkehraufgabe umgehen

1 Male die Felder mit der Aufgabe und mit der dazu passenden Überschlagsrechnung jeweils in der gleichen Farbe aus.

6951 : 3 = 2317	4400 : 5 = 880	22986 : 6 = 3831	81000 : 3 = 27000
24000 : 6 = 4000	82650 : 3 = 27550	68000 : 4 = 17000	70000 : 7 = 10000
68528 : 4 = 17132	6900 : 3 = 2300	72961 : 7 = 10423	4375 : 5 = 875

2 Kreise jeweils die geschickteste(n) Überschlagsrechnung(en) ein.

a) 576 : 6 = ▧
   500 : 6
   600 : 6
   580 : 6

b) 858 : 3 = ▧
   800 : 3
   900 : 3
   940 : 3

c) 984 : 4 = ▧
   900 : 4
   1000 : 4
   980 : 4

d) 768 : 8 = ▧
   800 : 8
   720 : 8
   700 : 8

e) 5178 : 6 = ▧
   6000 : 6
   5400 : 6
   4800 : 6

f) 1257 : 3 = ▧
   1200 : 3
   1300 : 3
   1260 : 3

g) 78327 : 9 = ▧
   80000 : 9
   70000 : 9
   81000 : 9

h) 854 : 7 = ▧
   800 : 7
   700 : 7
   840 : 7

3 Verbinde immer die Felder mit Aufgabe und Ergebnis passend.
Rechne dazu die Umkehraufgabe oder die Überschlagsrechnung im Kopf.

3992 : 4 =	9525 : 5 =	58821 : 7 =	33534 : 6 =

1905	468	8403	998	5589	6841	242	7446

3276 : 7 =	2178 : 9 =	20523 : 3 =	14892 : 2 =

4 Finde durch eine Überschlagsrechnung oder die Umkehraufgabe
die fünf falschen Ergebnisse. Kreise sie ein.

1768 : 8 = 221   2664 : 6 = 884   3995 : 5 = 699

       2480 : 4 = 680   72961 : 7 = 10423   33540 : 6 = 5590

4375 : 5 = 775   3368 : 8 = 421   21672 : 7 = 3007

Mit Überschlagsrechnung und Umkehraufgabe überprüfen

1 Überschlage zuerst.

Rechne dann genau und überprüfe dein Ergebnis mit der Umkehraufgabe.

a)
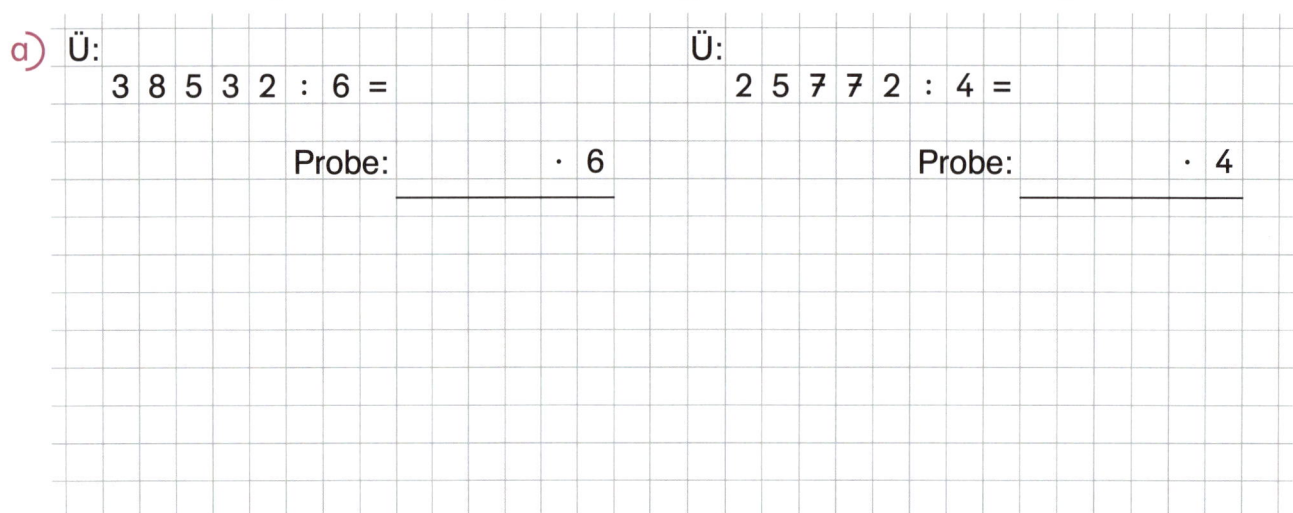

Ü:

3 8 5 3 2 : 6 =

Probe: · 6

Ü:

2 5 7 7 2 : 4 =

Probe: · 4

b)
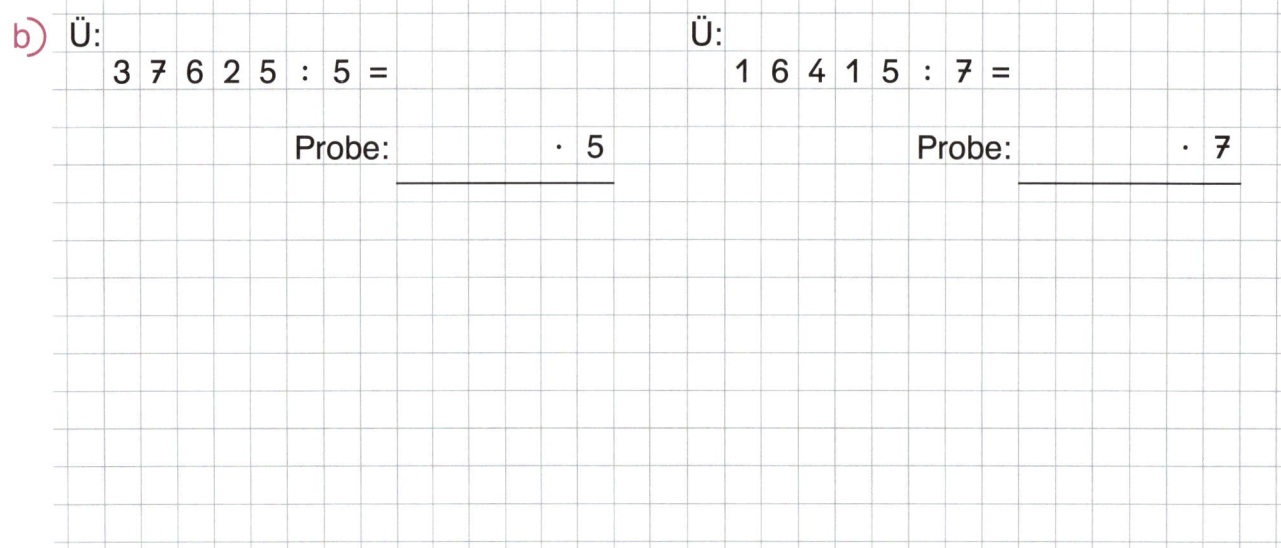

Ü:

3 7 6 2 5 : 5 =

Probe: · 5

Ü:

1 6 4 1 5 : 7 =

Probe: · 7

c)
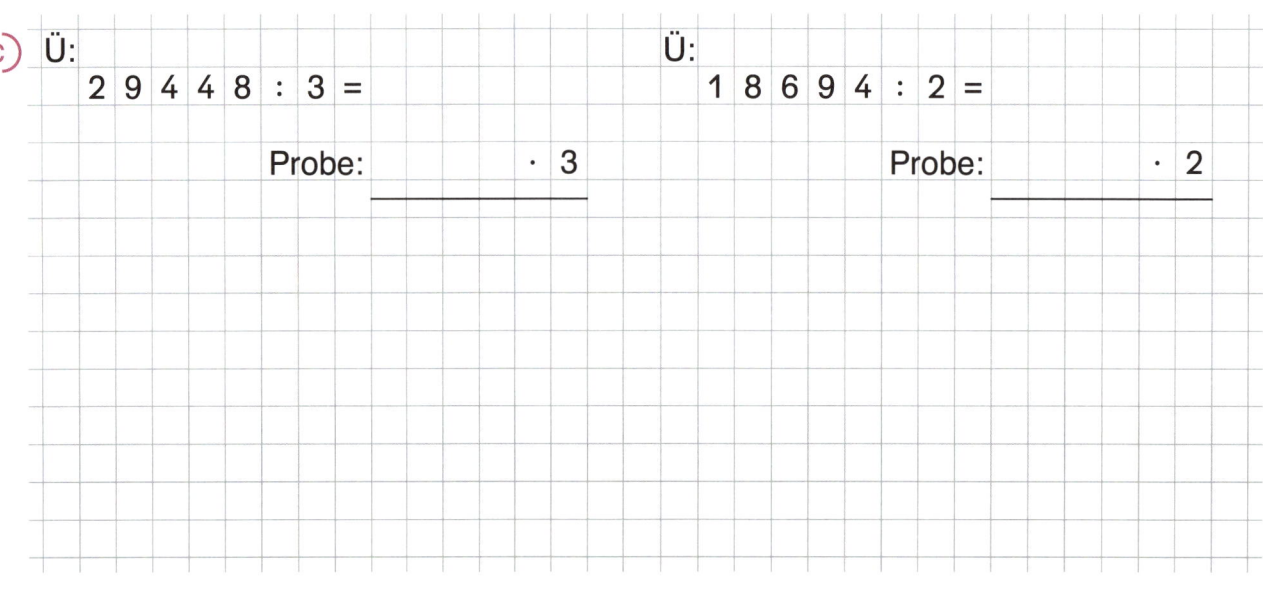

Ü:

2 9 4 4 8 : 3 =

Probe: · 3

Ü:

1 8 6 9 4 : 2 =

Probe: · 2

Beim Dividieren mit der Null umgehen

1 Dividiere schriftlich. Achte besonders auf die Nullen.
Vergleiche deine Ergebnisse mit den Kontrollzahlen.

a) $9236 : 4 =$ $9416 : 2 =$

   $2149 : 7 =$ $1215 : 3 =$

b) $96084 : 6 =$ $75005 : 5 =$

   $73408 : 8 =$ $32016 : 4 =$

c) $8024 : 8 =$ $6054 : 6 =$

307   405   1003   1009   2309   4708   8004   9176   15001   16014

Kommazahlen multiplizieren und dividieren

1

Bestellschein

Name		Str./Nr.	
Vorname		PLZ/Ort	
Datum/Unterschrift			

Seite	Artikelbezeichnung	Bestellnummer	Menge	Einzelpreis (€)	Gesamtpreis (€)
2 8 4	Farbige Klebezettel	5 3 3 1 3 3 - 4 2	2	3 , 2 9	,
2 8 6	Notizklotz	2 3 6 5 9 6 - 4 2	4	,	7 , 0 0
3 1 8	Radiergummi	4 8 3 7 9 2 - 4 2	5	1 , 1 5	,
3 2 2	Fineliner schwarz	3 1 3 0 1 5 - 4 2	8	,	3 , 9 2

Bestellungen Großpackungen (mehr als 10 Stück)				Einzelpreis (€)	Gesamtpreis Großpackung (€)
2 8 8	Briefblock DIN A4	7 3 7 9 0 8 - 4 2	1 5	0 , 8 0	9 , 9 0
3 4 8	Bleistift	5 4 4 4 5 2 - 4 2	1 2	0 , 5 5	5 , 7 9
3 7 9	Ordner	5 2 9 9 1 7 - 4 2	2 0	1 , 1 9	1 9 , 8 0

Endbetrag ,

a) Fülle den Bestellschein vollständig aus. Berechne dazu
die fehlenden Einzelpreise und Gesamtpreise. Berechne den Endbetrag.

b) Einige Produkte wurden in Großpackungen bestellt.
Berechne, wie viel jeweils im Vergleich zum Einzelpreis gespart wird.

Briefblöcke: gespart _____

Bleistifte: gespart _____

Ordner: gespart _____

Dividieren mit Rest üben

1 Dividiere schriftlich.

a) 1 5 2 6 6 : 4 =

b) 2 0 0 3 9 : 7 =

c) 2 1 2 0 8 : 3 =

2 Dividiere schriftlich. Kontrolliere mit der Probe.

a) 2 0 5 2 : 5 =

b) 4 0 9 5 : 8 =

c) 3 6 8 7 : 5 =

d) 1 9 7 7 : 2 =

Teilbarkeitsregeln anwenden

1 Umkreise alle Zahlen, die ohne Rest durch …

a) … 2 teilbar sind, rot.   b) … 5 teilbar sind, gelb.   c) … 3 teilbar sind, blau.

d) … 6 teilbar sind, lila.   e) … 4 teilbar sind, grün.   f) … 10 teilbar sind, orange.

5 240	873 315	25 790	38 772	698 832
	52 895	4 005		
617 912	27 616 548 735	470 235	18 052	8 901
		8 360		
1 308	76 806		57 916	
	871 401	123 542		972 316

2 Ergänze mit einem Partnerkind die folgenden Sätze.

a) Alle Zahlen, die ohne Rest durch 10 teilbar sind,
sind auch ohne Rest durch _____ und _____ teilbar.

b) Alle Zahlen, die ohne Rest durch 6 teilbar sind,
sind auch ohne Rest durch _____ und _____ teilbar.

c) Alle Zahlen, die ohne Rest durch 4 teilbar sind,
sind auch ohne Rest durch _____ teilbar.

3 Bilde aus beliebigen Ziffern fünfstellige Zahlen, die ohne Rest …

a) … nicht durch 2 teilbar sind.

b) … nicht durch 3 teilbar sind.

c) … nicht durch 4 teilbar sind.

d) … nicht durch 5 teilbar sind.

e) … nicht durch 2, 3, 4, 5, 6 oder 10 teilbar sind.

Fehlende Ziffern ergänzen

1 Ergänze die fehlenden Ziffern.

a) 4 ▢ 5 ▢ : 3 = 1 ▢ 5 ▢

```
▢
1 6
1 5
  1 5
  1 5
    0 3
      3
      0
```

b) ▢ 6 3 ▢ : 6 = 1 2 ▢ 3

```
6
1 ▢
▢ ▢
  4 ▢
  4 2
    1 8
    ▢ ▢
      0
```

c) ▢ 7 ▢ 8 : 2 = ▢ 8 ▢ ▢

```
8
1 ▢
▢ ▢
  1 6
  1 6
    0 ▢
      8
      0
```

d) 7 ▢ 3 ▢ : 4 = 1 ▢ ▢ ▢

```
▢
▢ 6
3 6
  ▢ 3
  0
    ▢ 2
    3 2
      0
```

e) 4 ▢ 7 5 : 5 = 9 ▢ 4 ▢

```
▢ ▢
3 7
3 5
  ▢ 3
  2 0
    3 5
    ▢ ▢
      0
```

f) ▢ ▢ 5 9 5 : 9 = 2 ▢ ▢ ▢

```
1 8
8 5
8 1
  ▢ ▢
  4 5
  4 ▢
    ▢ ▢
      0
```

g) 4 ▢ ▢ 3 : 7 = ▢ ▢ ▢

```
4 2
4 1
  ▢ 5
  ▢ 3
    6 ▢
    0
```

h) 8 ▢ 4 4 : 8 = ▢ 0 ▢ ▢

```
8
0 1
  0
  1 ▢
    8
    ▢ ▢
    ▢ ▢
      0
```

i) ▢ ▢ ▢ ▢ : 6 = 2 8 ▢

```
1 2
5 3
  ▢ ▢
  5 ▢
    5 4
    0
```

Zahlenrätsel lösen

1 Schreibe die Zahlenrätsel als Kettenaufgaben.
Bestimme die gesuchten Zahlen. Manchmal musst du rückwärts rechnen.
Trage dann die Pfeile für die Umkehraufgaben ein.

a)

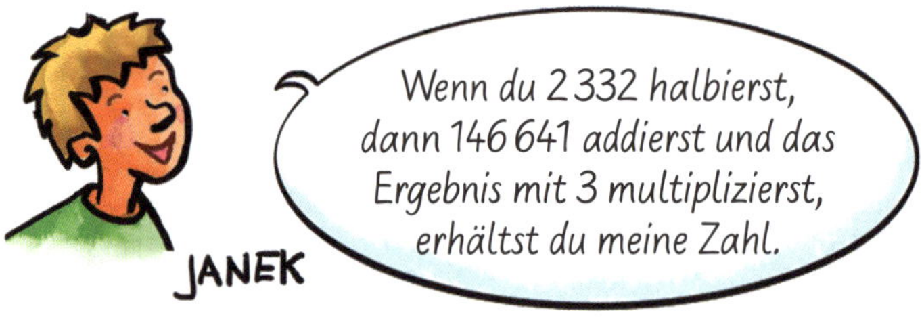

Wenn du 2 332 halbierst,
dann 146 641 addierst und das
Ergebnis mit 3 multiplizierst,
erhältst du meine Zahl.

JANEK

| 2 332 | :2 | → | | → | | → | | |

b)

Wenn du meine Zahl mit 5
multiplizierst, dann 450 addierst
und das Ergebnis mit 8 multiplizierst, erhältst du 8 000.

MAJA

c)

Wenn du 8 736
durch 3 dividierst, dann 1 456
subtrahierst und am Ende durch
4 dividierst, erhältst du
meine Zahl.

Max

Aufgaben mit dem Taschenrechner lösen

1 Rechne schriftlich in deinem Heft. Rechne dann mit dem Taschenrechner und überprüfe deine Lösungen.

a)
478 + 384 = ⬚

5632 + 4556 = ⬚

98002 + 43549 = ⬚

b)
35 · 26 = ⬚

348 · 83 = ⬚

7413 · 9 = ⬚

c)
576 − 398 = ⬚

6705 − 3817 = ⬚

32346 − 18519 = ⬚

d)
216 : 9 = ⬚

4352 : 4 = ⬚

52347 : 3 = ⬚

2 Rechne im Kopf oder schriftlich und anschließend mit dem Taschenrechner. Überprüfe, ob dein Taschenrechner die Punkt-vor-Strich-Regel beachtet.

a)
8460 − 70 : 10 = ⬚

4 · 30 + 8 · 40 = ⬚

150 : 30 + 520 = ⬚

b)
8 · 250 − 500 = ⬚

4 · 150 − 3 · 20 = ⬚

1500 : 50 + 2000 : 40 = ⬚

3 Tim rechnet im Kopf, Lea rechnet mit dem Taschenrechner. Sie rechnen um die Wette.

5! Ich bin schneller.

250 : 50

Suche dir ein anderes Kind, mit dem du wie Tim und Lea die folgenden Aufgaben um die Wette rechnest. Tauscht zwischendurch die Rollen.

a)
7 · 8
5 · 7
9 · 4
3 · 50
4 · 68

b)
36 : 4
15 : 3
20 : 10
400 : 5
216 : 3

c)
120 + 340
250 + 350
1200 + 400
395 + 245
1401 + 2399

d)
860 − 240
1500 − 300
23627 − 5417
81000 − 21000
37000 − 2900

Figuren nach vorgegebenem Maßstab verändern

1 Vergrößere alle Linien im angegebenen Maßstab.

a)

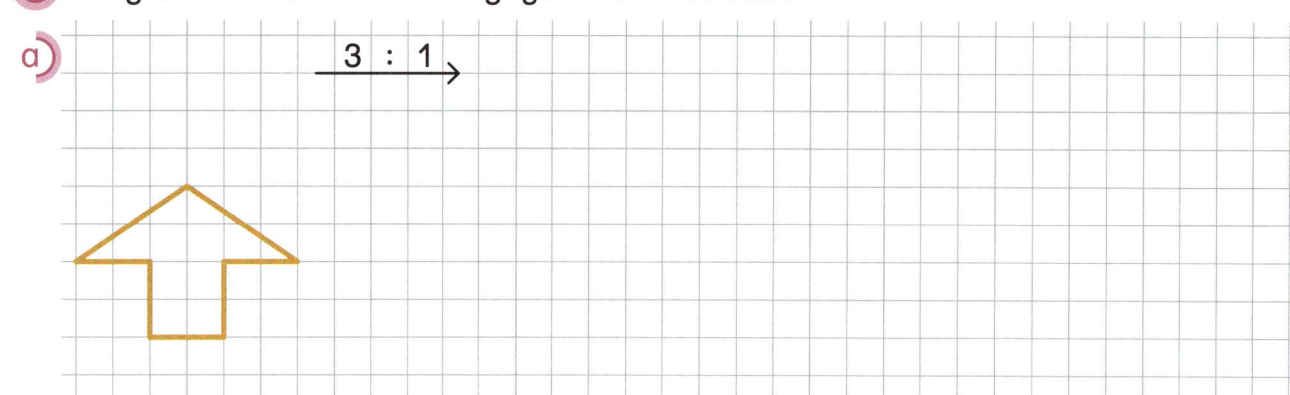

b)

2 Verkleinere alle Linien im angegebenen Maßstab.

a)

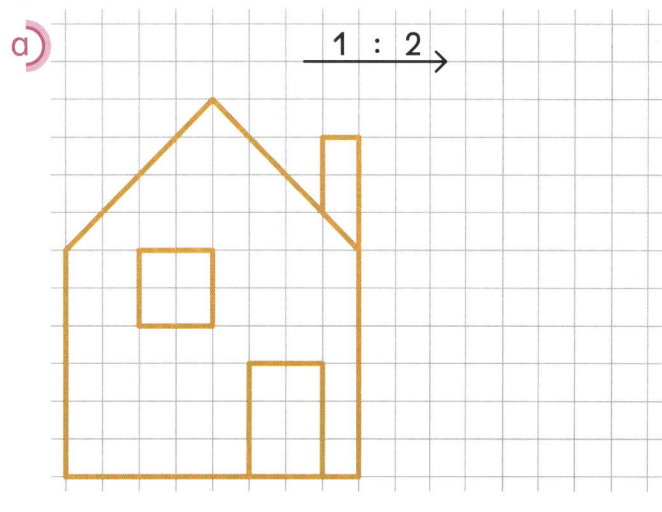

b)

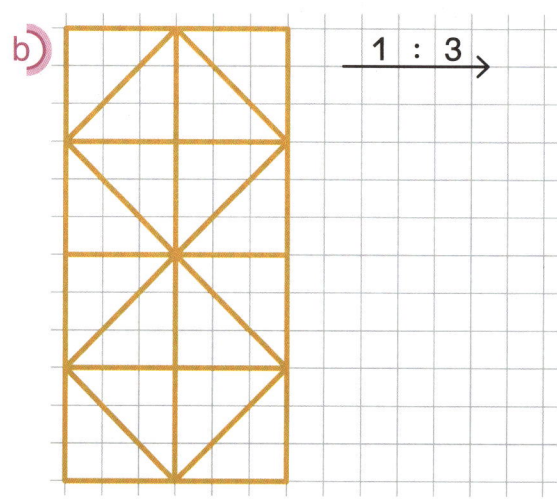

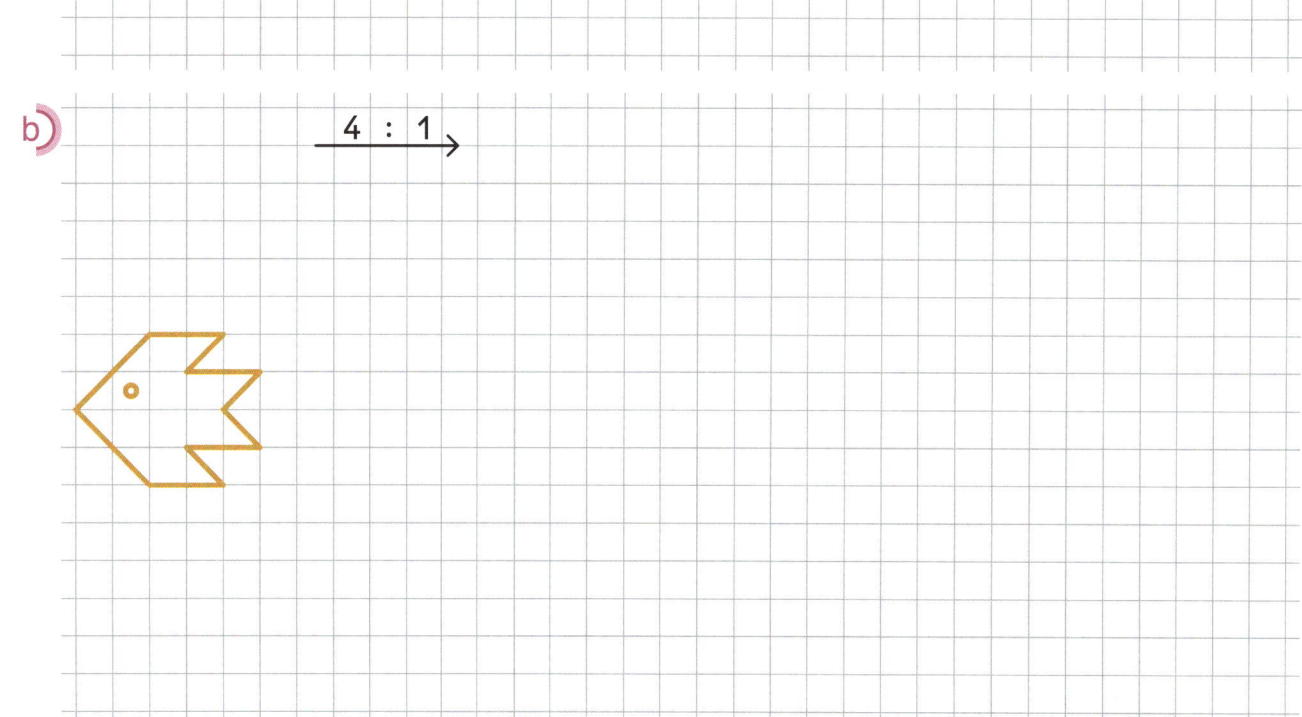

Geometrie Teil 3 – Maßstab, Pläne, Umfang, Flächeninhalt   *Maßstab und Pläne*

Die Flächen zweier Wohnungen bestimmen

1 Die Grundrisse der beiden Wohnungen sind im Maßstab 1 : 100 gezeichnet.
1 cm auf dem Plan sind 100 cm in Wirklichkeit.

Trage die Flächengrößen der einzelnen Räume ein.
Ermittle die Gesamtfläche jeder Wohnung.

Wohnung 1

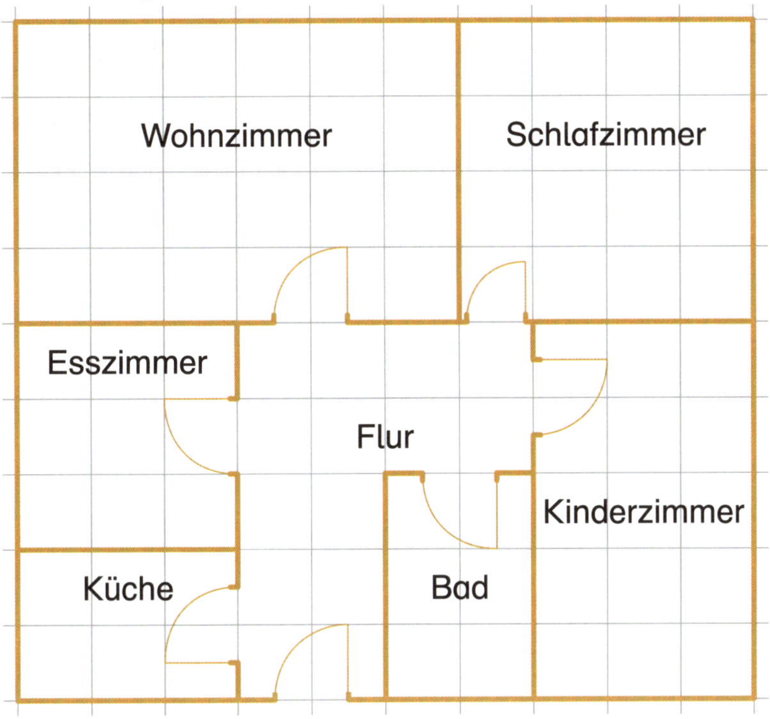

Wohnzimmer	Schlafzimmer	
Esszimmer		
	Flur	
		Kinderzimmer
Küche	Bad	

Wohnzimmer: 24 Quadratmeter

Schlafzimmer: ___ Quadratmeter

Esszimmer: ___ Quadratmeter

Kinderzimmer: ___ Quadratmeter

Bad: ___ Quadratmeter

Küche: ___ Quadratmeter

Flur: ___ Quadratmeter

Gesamtfläche: ___ Quadratmeter

Wohnung 2

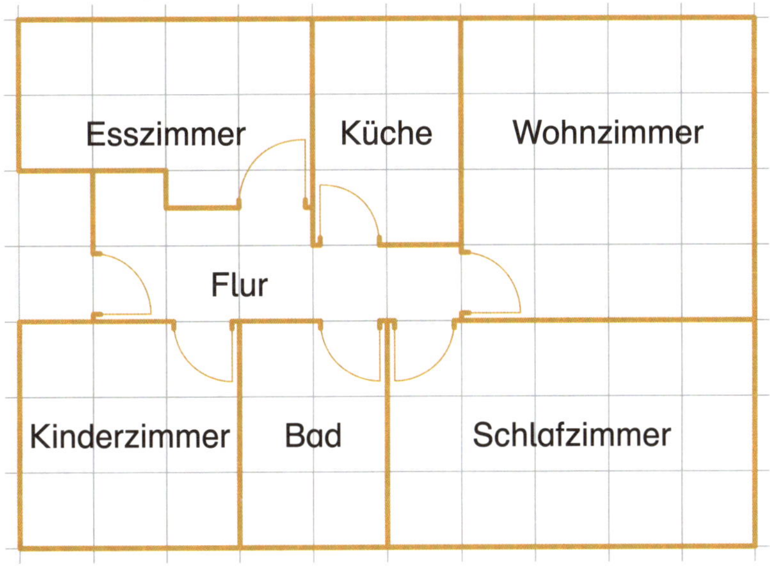

Esszimmer	Küche	Wohnzimmer
	Flur	
Kinderzimmer	Bad	Schlafzimmer

Wohnzimmer: ___ Quadratmeter

Schlafzimmer: ___ Quadratmeter

Esszimmer: ___ Quadratmeter

Kinderzimmer: ___ Quadratmeter

Bad: ___ Quadratmeter

Küche: ___ Quadratmeter

Flur: ___ Quadratmeter

Gesamtfläche: ___ Quadratmeter

2 Zeichne den Grundriss für deine Traumwohnung im Maßstab 1 : 100
und bestimme die Gesamtfläche.

Ein Fahrrad zusammenstellen

Es gibt Mountainbikes und Citybikes in rot, grün und blau.

Diese Fahrräder gibt es mit 3, 7 und 21 Gängen.

1 Ole und Lisa sollen neue Fahrräder bekommen.
Sie stellen sich die Fahrräder im Fahrradgeschäft zusammen.

a) Ole möchte ein Mountainbike haben.
Es gibt ____ Möglichkeiten das Mountainbike zusammenzustellen.

b) Lisa möchte ein Citybike haben.
Es gibt ____ Möglichkeiten das Citybike zusammenzustellen.

c) Vervollständige die Baumdiagramme.

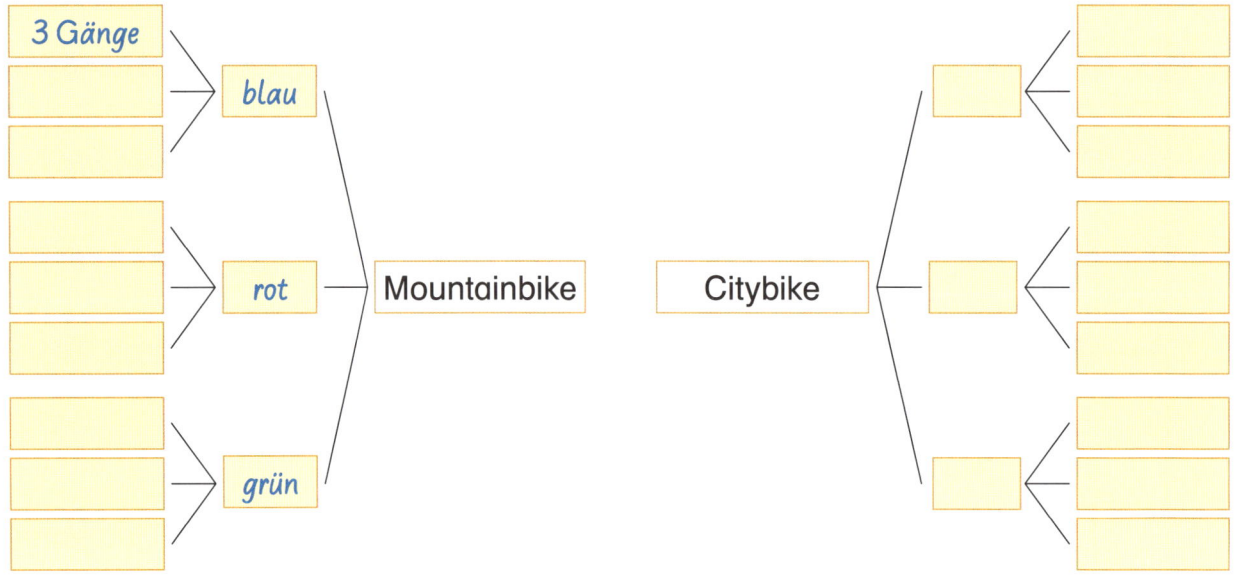

2 Ole und Lisa wollen die Zahlen an ihren neuen Fahrradschlössern einstellen.

a) Ole möchte für sein Fahrradschloss
seine drei Lieblingszahlen 3, 7 und 2 verwenden.
Welche Möglichkeiten hat er, diese Zahlen zu verwenden?

_372,_ _____

b) Lisa hat auch ein Fahrradschloss mit drei Stellen.
Sie möchte gern zweimal ihre Lieblingszahl 5 verwenden.

_____

_____

Durchschnittswerte berechnen

1 Führe in deiner Klasse eine Umfrage zur täglichen Hausaufgabenzeit durch.

a) Befrage die anderen Kinder eine Woche lang jeden Tag, wie viel Zeit sie am vorigen Nachmittag ungefähr für ihre Hausaufgaben benötigt haben. Erstelle eine Strichliste.

	10 min	20 min	30 min	40 min	50 min	60 min	70 min
Mo							
Di							
Mi							
Do							
Fr							

b) Berechne die durchschnittliche Hausaufgabenzeit in deiner Klasse …

… für die einzelnen Wochentage.

Mo: _____ min   Di: _____ min   Mi: _____ min

Do: _____ min   Fr: _____ min

… für die gesamte Woche: _____ min

c) Du kannst die Aussagekraft deiner Berechnungen noch vertiefen, indem du die Umfrage nach Mädchen und Jungen trennst, oder nach Fächern, oder …

Zahlenmauern und Rechenfenster ergänzen

1 Setze die Zahlen passend ein.

a) 87, 330, 24, 63, 36, 57,
12, 120, 207, 123

b) 1 559, 83, 498, 771, 208,
207, 125, 564, 290, 1 061

2

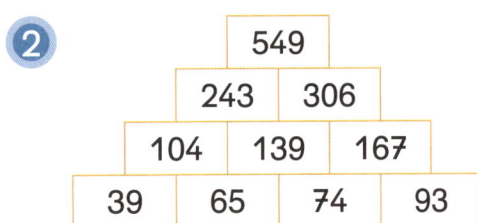

		549	
	243	306	
	104	139	167
39	65	74	93

Verändere die Zahlen der Grundmauer so,
dass in a) und b) die veränderte Zielzahl
erreicht wird.
Vergleiche deine Ergebnisse mit denen
anderer Kinder.

a)

b)

3 Ergänze die Rechenfenster.

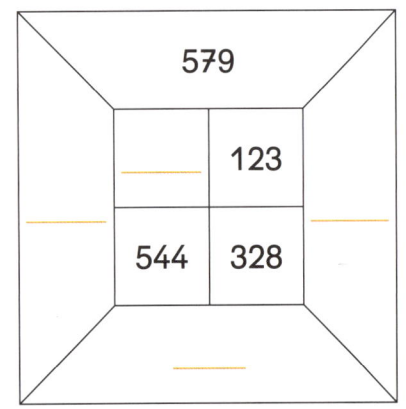

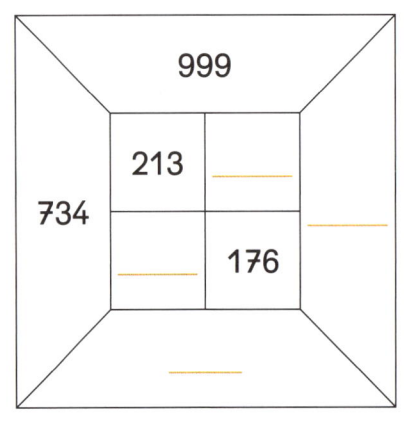

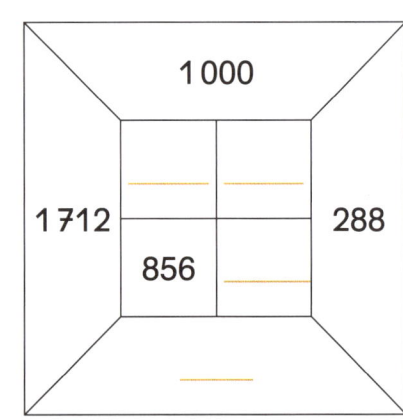